개념과 원리를 다지고
계산력을 키우는

왕수학

개념+연산

대한민국 수학학력평가의 새로운 기준!!

KMA
한국수학학력평가

| **시험일자** | **상반기** | 매년 6월 셋째주 |
| | **하반기** | 매년 11월 셋째주 |

| 응시대상 초등 1년 ~ 중등 3년 (미취학생 및 상급학년 응시 가능)

| 응시방법 KMA 홈페이지 접수 또는 각 지역별 학원접수처 방문 접수

성적우수자 특전 및 시상 내역 등 기타 자세한 사항은 KMA 홈페이지를 참조하세요.

홈페이지 바로가기
(www.kma-e.com)

▶ 본 평가는 100% 오프라인 평가입니다.

주최 | 한국수학학력평가연구원   주관 | (주)에듀왕

개념과 원리를 다지고
계산력을 키우는

왕수학

개념+연산

2-2

구성과 특징

▌왕수학의 특징

1. 왕수학 개념+연산 → 왕수학 기본 → 왕수학 실력 → 점프 왕수학 최상위 순으로
   단계별·난이도별 학습이 가능합니다.

2. 개정교육과정 100% 반영하였습니다.

3. 기본 개념 정리와 개념을 익히는 기본문제를 수록하였습니다.

4. 문제 해결력을 키우는 다양한 창의사고력 문제를 수록하였습니다.

5. 논리력 향상을 위한 서술형 문제를 강화하였습니다.

STEP 3

원리척척

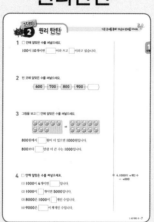

계산력 위주의 문제를 반복
연습하여 계산 능력을 향상
시킵니다.

STEP 2

원리탄탄

기본 문제를 풀어 보면서 개념
과 원리를 튼튼히 다집니다.

STEP 1

원리꼼꼼

교과서 개념과 원리를 각 주제
별로 익히고 원리 확인 문제를
풀어보면서 개념을 이해합니다.

다음 단계로 고고!

STEP ⑤

단원평가

왕수학
기본

STEP ④

유형콕콕

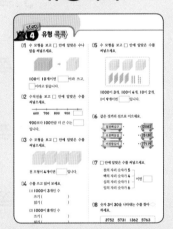

다양한 문제를 유형별로 풀어
보면서 실력을 키웁니다.

단원별 대표 문제를 풀어서
자신의 실력을 확인해 보고
학교 시험에 대비합니다.

차례 | Contents

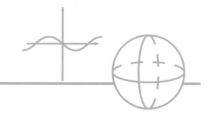

이번에 배울 내용

1 천, 몇천 알아보기

2 네 자리 수 알아보기

3 각 자리의 숫자가 나타내는 값 알아보기

4 뛰어 세기

5 수의 크기 비교하기

◀ 이전에 배운 내용

- 세 자리 수 알아보기
- 세 자리 수 뛰어 세기와 크기 비교하기

▶ 다음에 배울 내용

- 큰 수 알아보기
- 큰 수의 뛰어 세기와 크기 비교하기

❀ 천 알아보기

(1) **100**이 **10**개이면 **1000**입니다. **1000**은 천이라고 읽습니다.

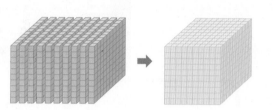

(2) **1000**은

> **999**보다 **1**만큼 더 큰 수, **990**보다 **10**만큼 더 큰 수
> **900**보다 **100**만큼 더 큰 수, **800**보다 **200**만큼 더 큰 수

입니다.

❀ 몇천 알아보기

1000이 **3**개이면 **3000**입니다. **3000**은 삼천이라고 읽습니다.

원리 확인 **1** 용희는 이웃돕기 성금을 내기 위해 **100**원짜리 동전 **10**개를 모금함에 넣었습니다. 용희가 넣은 돈은 모두 얼마인지 알아보세요.

(1) **100**원짜리 동전 **8**개는 ☐ 원입니다.

(2) **100**원짜리 동전 **9**개는 ☐ 원입니다.

(3) **100**원짜리 동전 **10**개는 ☐ 원입니다.

(4) 모두 ☐ 원입니다.

원리 확인 **2** 수 모형을 보고 모두 얼마인지 알아보세요.

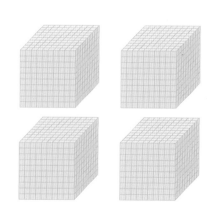

(1) 천 모형 **1**개는 ☐ 입니다.

(2) 천 모형은 모두 ☐ 개입니다.

(3) 모두 ☐ 입니다.

기본 문제를 통해 개념과 원리를 다져요.

1 □ 안에 알맞은 수를 써넣으세요.

100이 10개이면 [ ]이라 쓰고 [ ]이라고 읽습니다.

2 빈 곳에 알맞은 수를 써넣으세요.

600 ─ 700 ─ 800 ─ 900 ─ [ ]

3 그림을 보고 □ 안에 알맞은 수를 써넣으세요.

800원에서 [ ]원이 더 있으면 1000원입니다.

800보다 [ ]만큼 더 큰 수는 1000입니다.

4 □ 안에 알맞은 수를 써넣으세요.

(1) 1000이 4개이면 [ ]입니다.

(2) 1000이 [ ]개이면 5000입니다.

(3) 8000은 1000이 [ ]개인 수입니다.

(4) 9000은 [ ]이 9개인 수입니다.

● **4.** 1000이 ★개인 수
　⇒ ★000

원리 척척

🍂 □ 안에 알맞은 수를 써넣으세요. [1~7]

1

900보다 □만큼 더 큰 수는 1000입니다.

2

700보다 □만큼 더 큰 수는 1000입니다.

3 1000은 800보다 □만큼 더 큰 수입니다.

4 1000은 600보다 □만큼 더 큰 수입니다.

5 1000은 500보다 □만큼 더 큰 수입니다.

6 1000은 990보다 □만큼 더 큰 수입니다.

7 1000은 999보다 □만큼 더 큰 수입니다.

🍂 □ 안에 알맞은 수를 써넣으세요. [8~15]

8 1000이 **2**개이면 ☐ 입니다. **2000**은 ☐ 이라고 읽습니다.

9 1000이 **3**개이면 ☐ 입니다. **3000**은 ☐ 이라고 읽습니다.

10 1000이 **4**개이면 ☐ 입니다. **4000**은 ☐ 이라고 읽습니다.

11 1000이 **5**개이면 ☐ 입니다. **5000**은 ☐ 이라고 읽습니다.

12 1000이 **6**개이면 ☐ 입니다. **6000**은 ☐ 이라고 읽습니다.

13 1000이 **7**개이면 ☐ 입니다. **7000**은 ☐ 이라고 읽습니다.

14 1000이 **8**개이면 ☐ 입니다. **8000**은 ☐ 이라고 읽습니다.

15 1000이 **9**개이면 ☐ 입니다. **9000**은 ☐ 이라고 읽습니다.

step 1 원리 꼼꼼

2. 네 자리 수 알아보기

✿ 네 자리 수 알아보기

1000이 **2**개, **100**이 **5**개, **10**이 **4**개, **1**이 **8**개이면 **2548**이라 쓰고 이천오백사십팔이라고 읽습니다.

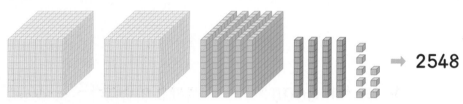

➡ **2548**

✿ 네 자리 수를 읽는 방법

네 자리 수를 읽을 때에는 천의 자리부터 숫자를 먼저 읽고 숫자 다음에 그 자리를 붙여 읽습니다.

자리	천	백	십	일
순서				
숫자	3	7	4	9

➡ 삼천칠백사십구

(참고)
• 자리의 숫자가 0이면 숫자와 자릿값을 읽지 않습니다.
  예 **4075** ➡ 사천칠십오
• 자리의 숫자가 1인 경우에는 일천, 일백, 일십으로 읽지 않고 천, 백, 십으로 읽습니다.
  예 **5193** ➡ 오천백구십삼

원리 확인 ① 다음 모형 돈을 보고 모두 얼마인지 알아보세요.

1000원짜리	**100원짜리**	**10원짜리**	**1원짜리**
지폐 4장	동전 5개	동전 6개	동전 3개

1000원짜리 지폐는 ☐장입니다. ⟶ ☐ 0 0 0 원

100원짜리 동전은 ☐개입니다. ⟶ ☐ 0 0 원

10원짜리 동전은 ☐개입니다. ⟶ ☐ 0 원

1원짜리 동전은 ☐개입니다. ⟶ ☐ 원

☐☐☐☐ 원

1 □ 안에 알맞은 수나 말을 써넣으세요.

1000이 **7**개, 100이 **6**개, 10이 **3**개, 1이 **5**개이면

□ 라 쓰고 □ 라고 읽습니다.

2 같은 것끼리 선으로 이어 보세요.

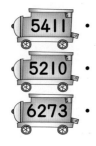

5411	·	·	육천이백칠십삼
5210	·	·	오천사백십일
6273	·	·	오천이백십

● 2. 자리의 숫자가 **0**이
면 그 자리는 읽지
않습니다.
예 **2507**
➡ 이천오백칠 (○)
➡ 이천오백영칠 (×)

3 수를 읽어 보세요.

(1) **3604** ➡ ( )

(2) **5078** ➡ ( )

4 수로 나타내 보세요.

(1) 삼천구십칠 ➡ ( )

(2) 천이십구 ➡ ( )

5 □ 안에 알맞은 수를 써넣으세요.

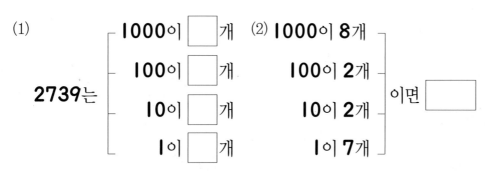

(1) **2739**는

1000이 □ 개
100이 □ 개
10이 □ 개
1이 □ 개

(2) 1000이 **8**개
100이 **2**개
10이 **2**개
1이 **7**개

이면 □

step 3 원리 척척

 □ 안에 알맞은 수를 써넣으세요. [1~9]

1 1000이 2개, 100이 3개, 10이 5개, 1이 4개이면 [ ]라고 씁니다.

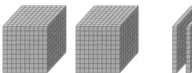 

2
```
1000이 2개 ┐
100이 5개 │
10이 7개 ├ 이면 [ ]
1이 4개 ┘
```

3
```
1000이 3개 ┐
100이 4개 │
10이 8개 ├ 이면 [ ]
1이 9개 ┘
```

4
```
1000이 5개 ┐
100이 6개 │
10이 3개 ├ 이면 [ ]
1이 2개 ┘
```

5
```
1000이 6개 ┐
100이 2개 │
10이 0개 ├ 이면 [ ]
1이 8개 ┘
```

6
```
         ┌ 1000이 [ ]개
7941은 ┤ 100이 [ ]개
         ├ 10이 [ ]개
         └ 1이 [ ]개
```

7
```
         ┌ 1000이 [ ]개
8726은 ┤ 100이 [ ]개
         ├ 10이 [ ]개
         └ 1이 [ ]개
```

8
```
         ┌ 1000이 [ ]개
4390은 ┤ 100이 [ ]개
         ├ 10이 [ ]개
         └ 1이 [ ]개
```

9
```
         ┌ 1000이 [ ]개
9053은 ┤ 100이 [ ]개
         ├ 10이 [ ]개
         └ 1이 [ ]개
```

🍂 **수를 알맞게 읽어 보세요. [10~16]**

10

천	백	십	일
4	2	5	9

➡ **4259**는 [   ]라고 읽습니다.

11 2372 ➡ _____

12 5194 ➡ _____

13 3658 ➡ _____

14 4513 ➡ _____

15 5227 ➡ _____

16 6035 ➡ _____

🍂 **수로 나타내 보세요. [17~22]**

17 이천칠백삼십오 ➡ _____

18 천구백팔십사 ➡ _____

19 사천이백구십일 ➡ _____

20 삼천육백십칠 ➡ _____

21 오천팔백오십육 ➡ _____

22 천사백이십이 ➡ _____

1 원리 꼼꼼

3. 각 자리의 숫자가 나타내는 값 알아보기

🍀 네 자리 수 5294에서

천의 자리	백의 자리	십의 자리	일의 자리
5	2	9	4

↓

5	0	0	0	← 천의 자리 숫자 5는 5000
	2	0	0	← 백의 자리 숫자 2는 200
		9	0	← 십의 자리 숫자 9는 90
			4	← 일의 자리 숫자 4는 4를 나타냅니다.

→ $5294 = 5000 + 200 + 90 + 4$

원리 확인 ① 3876이 되도록 수 모형을 놓았습니다. 각 숫자가 나타내는 값을 알아보세요.

천 모형	백 모형	십 모형	일 모형

(1) 3876에서 3이 나타내는 값은 ☐ 입니다.

(2) 3876에서 8이 나타내는 값은 ☐ 입니다.

(3) 3876에서 7이 나타내는 값은 ☐ 입니다.

(4) 3876에서 6이 나타내는 값은 ☐ 입니다.

원리 확인 ② 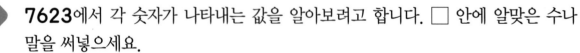 7623에서 각 숫자가 나타내는 값을 알아보려고 합니다. ☐ 안에 알맞은 수나 말을 써넣으세요.

(1) 7은 ☐ 의 자리 숫자이고 ☐ 을 나타냅니다.

(2) 6은 ☐ 의 자리 숫자이고 ☐ 을 나타냅니다.

(3) 2는 ☐ 의 자리 숫자이고 ☐ 을 나타냅니다.

(4) 3은 ☐ 의 자리 숫자이고 ☐ 을 나타냅니다.

1 수와 수 모형을 보고 □ 안에 알맞은 수를 써넣으세요.

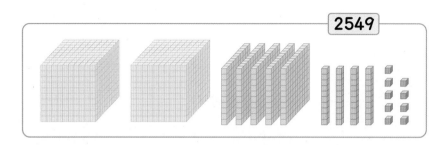

2549

(1) 천의 자리 숫자 **2**는 [ ]을 나타냅니다.

(2) 백의 자리 숫자 **5**는 [ ]을 나타냅니다.

(3) 십의 자리 숫자 **4**는 [ ]을 나타냅니다.

(4) 일의 자리 숫자 **9**는 [ ]를 나타냅니다.

1. 자릿값은 오른쪽부터 왼쪽으로 한 자리씩 옮겨 가며 차례로 일, 십, 백, 천이 됩니다. 또, 한 자리씩 나아갈 때마다 **10**배씩 늘어납니다.

2 □ 안에 알맞은 수를 써넣으세요.

3981에서

천의 자리 숫자는 [ ]이고, [ ]을 나타냅니다.

백의 자리 숫자는 [ ]이고, [ ]을 나타냅니다.

십의 자리 숫자는 [ ]이고, [ ]을 나타냅니다.

일의 자리 숫자는 [ ]이고, [ ]을 나타냅니다.

3 백의 자리 숫자가 **5**인 수에 ◯ 하세요.

5714   2735   9542   3275

4 숫자 **6**이 나타내는 값을 쓰세요.

(1) **6288** ➡ (   )　　(2) **2306** ➡ (   )

(3) **7605** ➡ (   )　　(4) **1265** ➡ (   )

5 숫자 **2**가 나타내는 값이 가장 큰 것에 ◯ 하세요.

9207   9932   2711   8325

□ 안에 알맞은 수를 써넣으세요. [1~4]

1 2583에서

천의 자리	백의 자리	십의 자리	일의 자리
2	5	8	3

↓

2	0	0	0
	5	0	0
		8	0
			3

천의 자리 숫자 2는 □ 을 나타냅니다.

백의 자리 숫자 5는 □ 을 나타냅니다.

십의 자리 숫자 8은 □ 을 나타냅니다.

일의 자리 숫자 3은 □ 을 나타냅니다.

2 2637에서

천의 자리 숫자 2는 □ 을 나타냅니다.

백의 자리 숫자 6은 □ 을 나타냅니다.

십의 자리 숫자 3은 □ 을 나타냅니다.

일의 자리 숫자 7은 □ 을 나타냅니다.

3 5176에서

천의 자리 숫자 5는 □ 을 나타냅니다.

백의 자리 숫자 1은 □ 을 나타냅니다.

십의 자리 숫자 7은 □ 을 나타냅니다.

일의 자리 숫자 6은 □ 을 나타냅니다.

4 8945에서

천의 자리 숫자 8은 □ 을 나타냅니다.

백의 자리 숫자 9는 □ 을 나타냅니다.

십의 자리 숫자 4는 □ 을 나타냅니다.

일의 자리 숫자 5는 □ 를 나타냅니다.

1
단원

🌿 □ 안에 알맞은 수를 써넣으세요. [5~6]

5

1524 ➡

천의 자리	백의 자리	십의 자리	일의 자리
1	5	☐	☐

1524 = 1000 + 500 + ☐ + ☐

6

3872 ➡

천의 자리	백의 자리	십의 자리	일의 자리
☐	☐	☐	☐

3872 = ☐ + ☐ + ☐ + ☐

🌿 수로 나타내세요. [7~10]

7 천의 자리 숫자가 **2**
백의 자리 숫자가 **4** 이면 ☐
십의 자리 숫자가 **7**
일의 자리 숫자가 **5**

8 천의 자리 숫자가 **5**
백의 자리 숫자가 **9** 이면 ☐
십의 자리 숫자가 **2**
일의 자리 숫자가 **8**

9 천의 자리 숫자가 **8**
백의 자리 숫자가 **0** 이면 ☐
십의 자리 숫자가 **4**
일의 자리 숫자가 **7**

10 천의 자리 숫자가 **6**
백의 자리 숫자가 **5** 이면 ☐
십의 자리 숫자가 **9**
일의 자리 숫자가 **0**

step 1 원리 꼼꼼

4. 뛰어 세기

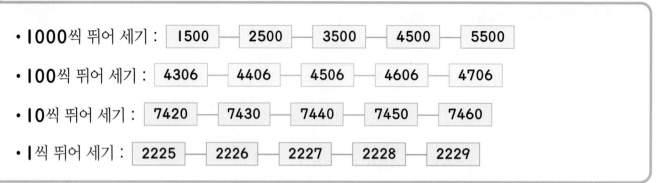

- 1000씩 뛰어 세기 : 1500 — 2500 — 3500 — 4500 — 5500
- 100씩 뛰어 세기 : 4306 — 4406 — 4506 — 4606 — 4706
- 10씩 뛰어 세기 : 7420 — 7430 — 7440 — 7450 — 7460
- 1씩 뛰어 세기 : 2225 — 2226 — 2227 — 2228 — 2229

원리 확인 1 1000원짜리, 100원짜리, 10원짜리, 1원짜리가 있습니다. 각각 세어 보세요.

(1) 1000원짜리를 하나씩 세어 보세요.

1000 — 2000 — 3000 — 4000 — 5000 — ☐ — ☐
☐ — ☐

(2) 1000원짜리를 먼저 세고, 100원짜리를 하나씩 세어 보세요.

9100 — 9200 — 9300 — 9400 — 9500 — ☐ — ☐
☐ — ☐

(3) 1000원짜리와 100원짜리를 먼저 세고, 10원짜리를 하나씩 세어 보세요.

9910 — 9920 — 9930 — 9940 — 9950 — ☐ — ☐
☐ — ☐

(4) 1000원짜리, 100원짜리, 10원짜리를 먼저 세고, 1원짜리를 하나씩 세어 보세요.

9991 — 9992 — 9993 — 9994 — 9995 — ☐ — ☐
☐ — ☐

1 1000씩 뛰어 세어 보세요.

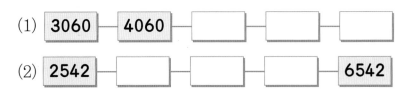

(1) 3060 — 4060 — □ — □ — □

(2) 2542 — □ — □ — □ — 6542

1. 1000씩 뛰어 세면 천의 자리 숫자가 1씩 커집니다.

2 100씩 뛰어 세어 보세요.

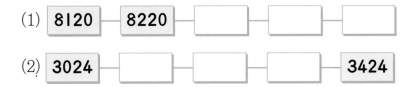

(1) 8120 — 8220 — □ — □ — □

(2) 3024 — □ — □ — □ — 3424

2. 100씩 뛰어 세면 백의 자리 숫자가 1씩 커집니다.

3 10씩 뛰어 세어 보세요.

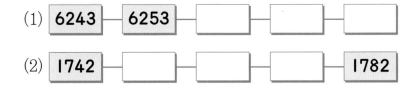

(1) 6243 — 6253 — □ — □ — □

(2) 1742 — □ — □ — □ — 1782

3. 10씩 뛰어 세면 십의 자리 숫자가 1씩 커집니다.

4 1씩 뛰어 세어 보세요.

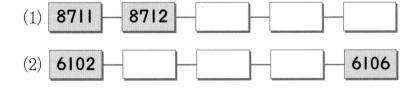

(1) 8711 — 8712 — □ — □ — □

(2) 6102 — □ — □ — □ — 6106

4. 1씩 뛰어 세면 일의 자리 숫자가 1씩 커집니다.

5 규칙에 맞도록 뛰어 센 것은 어느 것인가요? (   )

① 5670 — 5770 — 5880 — 5890

② 2745 — 2845 — 2855 — 2860

③ 4220 — 4230 — 4340 — 4350

④ 2070 — 2080 — 2090 — 2100

step 3 원리 척척

🍂 1000씩 뛰어 세어 보세요. [1~4]

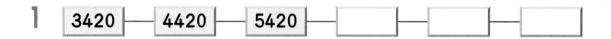

1 | 3420 | 4420 | 5420 | | | |

2 | 1139 | 2139 | 3139 | | | |

3 | 2647 | 3647 | | 5647 | | |

4 | 4015 | 5015 | | 7015 | | |

🍂 100씩 뛰어 세어 보세요. [5~8]

5 | 1300 | 1400 | 1500 | | | |

6 | 3716 | 3816 | 3916 | | | |

7 | 2350 | 2450 | | 2650 | | |

8 | 4672 | 4772 | | 4972 | | |

1 단원

🍂 **10씩 뛰어 세어 보세요. [9~12]**

9 | 1401 — 1411 — 1421 — ☐ — ☐ — ☐

10 | 2180 — 2190 — 2200 — ☐ — ☐ — ☐

11 | 3512 — 3522 — ☐ — 3542 — ☐ — ☐

12 | 4953 — 4963 — ☐ — 4983 — ☐ — ☐

🍂 **1씩 뛰어 세어 보세요. [13~16]**

13 | 2431 — 2432 — 2433 — ☐ — ☐ — ☐

14 | 4152 — 4153 — 4154 — ☐ — ☐ — ☐

15 | 3823 — 3824 — ☐ — 3826 — ☐ — ☐

16 | 5347 — 5348 — ☐ — 5350 — ☐ — ☐

원리 꼼꼼

5. 수의 크기 비교하기

네 자리 수의 크기를 비교할 때에는 천의 자리 숫자, 백의 자리 숫자, 십의 자리 숫자, 일의 자리 숫자를 차례로 비교합니다.

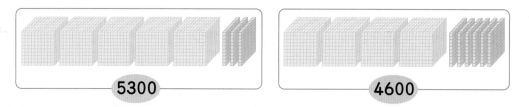

천의 자리 비교	백의 자리 비교	십의 자리 비교	일의 자리 비교
6748<7410	8329>8109	5492>5463	3215<3218
6<7	3>1	9>6	5<8

원리 확인 1 5300과 4600 중에서 어느 수가 더 큰지 알아보세요.

5300   4600

(1) 5300은 천 모형이 ☐개, 4600은 천 모형이 ☐개입니다.

(2) 두 수 중에서 더 큰 수는 (5300, 4600)입니다.

(3) 두 수의 크기를 비교하여 ○ 안에 >, <를 알맞게 써넣으세요.

5300 ○ 4600

원리 확인 2 2400과 2500 중에서 어느 수가 더 큰지 알아보세요.

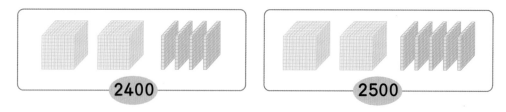

2400   2500

(1) 2400은 천 모형이 ☐개, 백 모형이 ☐개입니다.

(2) 2500은 천 모형이 ☐개, 백 모형이 ☐개입니다.

(3) 두 수 중에서 더 큰 수는 (2400, 2500)입니다.

(4) 두 수의 크기를 비교하여 ○ 안에 >, <를 알맞게 써넣으세요.

2400 ○ 2500

1 수 모형을 보고 ○ 안에 >, <를 알맞게 써넣으세요.

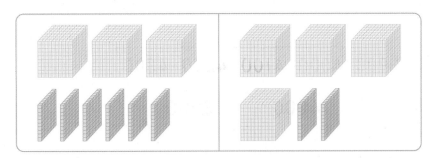

3600 ◯ 4200

천 모형의 개수를 세어 비교해 보세요.

2 수직선을 보고 ○ 안에 >, <를 알맞게 써넣으세요.

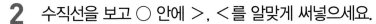

6400 6500 **6600** 6700 6800 **6900** 7000

6600 ◯ 6900

3 >, <를 써서 나타내세요.

(1) **7807**은 **7805**보다 큽니다.

➡ (   )

(2) **4028**은 **4226**보다 작습니다.

➡ (   )

3. •●는 ▲보다 큽니다. ➡ ● > ▲

  •▲는 ●보다 작습니다. ➡ ▲ < ●

4 다음을 읽어 보세요.

(1) **8100 > 6700**

➡ (   )

(2) **5321 < 5327**

➡ (   )

5 ○ 안에 >, <를 알맞게 써넣으세요.

(1) **4563** ◯ **9288**   (2) **4125** ◯ **4272**

(3) **2726** ◯ **2701**   (4) **6275** ◯ **6271**

5. 네 자리 수의 크기 비교는 천의 자리 숫자, 백의 자리 숫자, 십의 자리 숫자, 일의 자리 숫자 순서로 합니다.

step 3 원리 척척

🍂 수직선을 보고 두 수의 크기를 비교하여 ○ 안에 >, <를 알맞게 써넣으세요. [1~3]

1

| 3600 | 3700 | 3800 | 3900 | 4000 | 4100 | 4200 | 4300 |

3900 ◯ 4100   4000 ◯ 3700

2

| 2914 | 3014 | 3114 | 3214 | 3314 | 3414 | 3514 | 3614 |

3014 ◯ 3314   3514 ◯ 3114

3

| 1230 | 1240 | 1250 | 1260 | 1270 | 1280 | 1290 | 1300 |

1250 ◯ 1280   1290 ◯ 1240

🍂 두 수 사이의 관계를 >, <를 써서 나타내 보세요. [4~7]

4 5350은 1798보다 큽니다.   ➡ _____

5 2744는 3520보다 작습니다.   ➡ _____

6 3678은 3447보다 큽니다.   ➡ _____

7 4099는 4100보다 작습니다.   ➡ _____

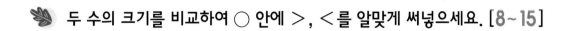

1 단원

🍃 두 수의 크기를 비교하여 ○ 안에 >, <를 알맞게 써넣으세요. [8~15]

8 1895 ◯ 2895

9 3907 ◯ 1899

10 4920 ◯ 7110

11 5529 ◯ 5498

12 2377 ◯ 2477

13 4670 ◯ 4980

14 5462 ◯ 5459

15 7804 ◯ 7812

🍃 □ 안에 넣을 수 있는 숫자를 모두 골라 ○ 하세요. [16~21]

16 234□ > 2343

(1, 2, 3, 4, 5)

17 6097 < 609□

(5, 6, 7, 8, 9)

18 1324 < 1□23

(1, 2, 3, 4, 5)

19 35□5 > 3574

(5, 6, 7, 8, 9)

20 419□ > 4196

(5, 6, 7, 8, 9)

21 5729 > 5□88

(5, 6, 7, 8, 9)

01 수 모형을 보고 □ 안에 알맞은 수나 말을 써넣으세요.

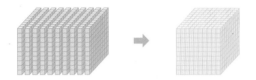

100이 10개이면 □ 이라 쓰고,

□ 이라고 읽습니다.

02 수직선을 보고 □ 안에 알맞은 수를 써넣으세요.

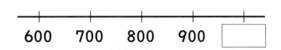

900보다 100만큼 더 큰 수는 □ 입니다.

03 수 모형을 보고 □ 안에 알맞은 수를 써넣으세요.

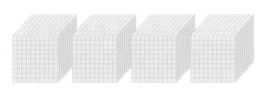

천 모형이 4개이면 □ 입니다.

04 수를 쓰고 읽어 보세요.

(1) 1000이 3개인 수

쓰기 ( )

읽기 ( )

(2) 1000이 8개인 수

쓰기 ( )

읽기 ( )

05 수 모형을 보고 □ 안에 알맞은 수를 써넣으세요.

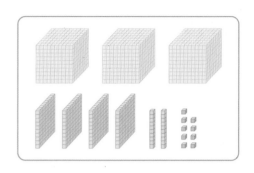

1000이 3개, 100이 4개, 10이 2개, 1이 9개이면 □ 입니다.

06 같은 것끼리 선으로 이으세요.

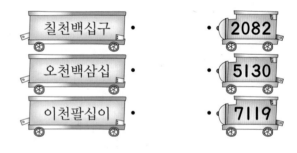

칠천백십구 • • 2082

오천백삼십 • • 5130

이천팔십이 • • 7119

07 □ 안에 알맞은 수를 써넣으세요.

천의 자리 숫자가 5
백의 자리 숫자가 4
십의 자리 숫자가 1   이면 □
일의 자리 숫자가 6

08 숫자 3이 30을 나타내는 수를 찾아 ◯ 하세요.

| 3752 5731 1362 5763 |

09 100씩 뛰어 세어 보세요.

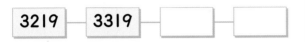

| 3219 | 3319 | | |

10 1000씩 뛰어 세어 보세요.

| 2365 | | 4365 | |

11 뛰어 세는 규칙에 맞도록 빈칸에 알맞은 수를 써넣으세요.

| 8231 | 8241 | | |

12 상연이의 저금통에는 5월 1일 현재 2820원이 들어 있습니다. 2일부터 5일까지 매일 1000원씩 저금한다면 모두 얼마가 되나요?

(   )

13 수직선을 보고 ○ 안에 >, <를 알맞게 써넣으세요.

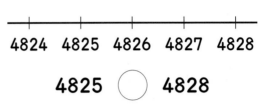

4824 4825 4826 4827 4828

4825 ○ 4828

14 ○ 안에 >, <를 알맞게 써넣으세요.

5129 ○ 5292

15 지리산의 높이는 1915 m이고 한라산의 높이는 1950 m라고 합니다. 더 높은 산은 어느 산인가요?

(   )

16 백의 자리 숫자가 3, 십의 자리 숫자가 4, 일의 자리 숫자가 0인 네 자리 수 중에서 7340보다 큰 수를 모두 쓰세요.

(   )

01 수직선을 보고 □ 안에 알맞은 수를 써넣으세요.

600 700 800 900 □

900보다 100만큼 더 큰 수는 □ 입니다.

02 다음 수를 쓰고 읽어 보세요.

1000이 3개인 수

쓰기 (   )
읽기 (   )

03 □ 안에 알맞은 수나 말을 써넣으세요.

1000이 9개, 100이 1개, 10이 7개, 1이 2개이면 □ 라 쓰고 □ 라고 읽습니다.

04 □ 안에 알맞은 수를 써넣으세요.

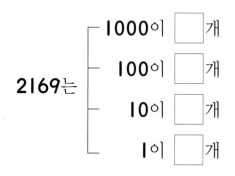

2169는
- 1000이 □개
- 100이 □개
- 10이 □개
- 1이 □개

05 수를 읽어 보세요.

(1) 4628 ➡ (   )

(2) 6975 ➡ (   )

06 수로 써 보세요.

(1) 오천팔십일 ➡ (   )

(2) 팔천구백삼십사 ➡ (   )

07 수를 보고 □ 안에 알맞은 수를 써넣으세요.

7396

(1) 천의 자리 숫자 7은 □ 을 나타냅니다.

(2) 백의 자리 숫자 3은 □ 을 나타냅니다.

(3) 십의 자리 숫자 9는 □ 을 나타냅니다.

(4) 일의 자리 숫자 6은 □ 을 나타냅니다.

08 백의 자리 숫자가 **3**인 수에 ◯ 하세요.

> 1093 2138 3751 4342

09 숫자 **9**가 **90**을 나타내는 수에 ◯ 하세요.

> 5914 7119 6292 9543

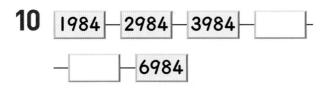

뛰어 세는 규칙에 맞도록 빈칸에 알맞은 수를 써넣으세요. [10~13]

10
| 1984 | 2984 | 3984 | |
| | | 6984 | |

11
| 4208 | 4308 | 4408 | |
| | | 4708 | |

12
| 7165 | 7175 | 7185 | |
| | 7215 | | |

13
| 9537 | 9538 | 9539 | |
| | 9542 | | |

14 수직선을 보고 두 수의 크기를 비교하여 ◯ 안에 >, <를 알맞게 써넣으세요.

(1)
3215 3216 3217 3218 3219 3220

3216 ◯ 3220

(2)
4099 4100 4101 4102 4103

4102 ◯ 4099

15 다음을 >, <를 써서 나타내 보세요.

(1) 4579는 2677보다 큽니다.

➡ _____

(2) 5841은 6429보다 작습니다.

➡ _____

16 다음을 읽어 보세요.

(1) 4056 < 5000

➡ _____

(2) 7158 > 7152

➡ _____

17 두 수의 크기를 비교하여 ○ 안에 >, <를 알맞게 써넣으세요.

(1) 4104 ◯ 5103

(2) 7326 ◯ 7419

(3) 6732 ◯ 6729

(4) 8092 ◯ 8091

18 5697보다 크고 5702보다 작은 수를 모두 쓰세요.

(　　　　　　　)

19 □ 안에 들어갈 수 있는 숫자에 모두 ○ 하세요.

(1)
75□8 > 7559

(3, 4, 5, 6, 7)

(2)
9142 < 914□

(0, 1, 2, 3, 4)

20 숫자 카드 3 , 1 , 7 , 4 를 모두 사용하여 네 자리 수를 만들 때, 가장 큰 수는 얼마인가요?

(　　　　　　　)

단원 2 곱셈구구

이번에 배울 내용

1 2단과 5단 곱셈구구

2 3단과 6단 곱셈구구

3 4단과 8단 곱셈구구

4 7단과 9단 곱셈구구

5 1단 곱셈구구와 0의 곱

6 곱셈표 만들기

7 곱셈구구를 이용하여 문제 해결하기

 이전에 배운 내용

- 묶어 세기
- 몇의 몇 배

 다음에 배울 내용

- (두 자리 수)×(한 자리 수)

step 1 원리 꼼꼼

1. 2단, 5단 곱셈구구

✿ 2단 곱셈구구

×	1	2	3	4	5	6	7	8	9
2	2	4	6	8	10	12	14	16	18

$+2$ $+2$ $+2$ $+2$ $+2$ $+2$ $+2$ $+2$

➡ **2**단 곱셈구구에서는 곱이 **2**씩 커집니다.

✿ 5단 곱셈구구

×	1	2	3	4	5	6	7	8	9
5	5	10	15	20	25	30	35	40	45

$+5$ $+5$ $+5$ $+5$ $+5$ $+5$ $+5$ $+5$

➡ **5**단 곱셈구구에서는 곱이 **5**씩 커집니다.

원리 확인 그림을 보고 □ 안에 알맞은 수를 써넣으세요.

(1) 접시 **2**개에는 과자가 모두 **2 × 2 =** ☐ (개) 있습니다.

(2) 접시 **5**개에는 과자가 모두 **2 × 5 =** ☐ (개) 있습니다.

원리 확인 그림을 보고 □ 안에 알맞은 수를 써넣으세요.

(1) 주머니 **3**개에는 구슬이 모두 **5 × 3 =** ☐ (개) 있습니다.

(2) 주머니 **4**개에는 구슬이 모두 **5 × 4 =** ☐ (개) 있습니다.

step 2 원리 탄탄

1 그림을 보고 □ 안에 알맞은 수를 써넣으세요.

$$5 \times \boxed{} = \boxed{}$$

2 그림을 보고 □ 안에 알맞은 수를 써넣으세요.

(1) 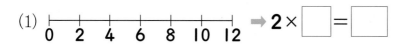 ➡ $2 \times \boxed{} = \boxed{}$

(2) 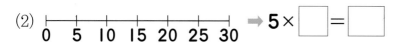 ➡ $5 \times \boxed{} = \boxed{}$

> **2.** 몇씩 몇 번 뛰어 세어 얼마가 되었는지 알아봅니다.

3 □ 안에 알맞은 수를 써넣으세요.

(1) $2 \times 3 = \boxed{}$ (2) $2 \times 4 = \boxed{}$

(3) $2 \times 8 = \boxed{}$ (4) $2 \times 7 = \boxed{}$

> **3.** 2단 곱셈구구를 외워 봅니다.

4 □ 안에 알맞은 수를 써넣으세요.

(1) $5 \times 2 = \boxed{}$ (2) $5 \times 7 = \boxed{}$

(3) $5 \times 8 = \boxed{}$ (4) $5 \times 9 = \boxed{}$

> **4.** 5단 곱셈구구를 외워 봅니다.

 ☐ 안에 알맞은 수를 써넣으세요. [1~10]

1

×	1	2	3	4	5	6	7	8	9
2	2	4	6	8	10	12	14	16	18

+☐ +☐ +☐ +☐ +☐ +☐ +☐ +☐

➡ **2**단 곱셈구구에서는 곱이 ☐ 씩 커집니다.

2   2 × ☐ = ☐

3   2 × ☐ = ☐

4   2 × ☐ = ☐

5 2×2=☐   **6** 2×5=☐

7 2×1=☐   **8** 2×8=☐

9 2×6=☐   **10** 2×9=☐

🍂 □ 안에 알맞은 수를 써넣으세요. [11~20]

11

×	1	2	3	4	5	6	7	8	9
5	5	10	15	20	25	30	35	40	45

+□ +□ +□ +□ +□ +□ +□ +□

➡ 5단 곱셈구구에서는 곱이 □ 씩 커집니다.

12 ○○○○○ ○○○○○ $5 \times □ = □$

13 ○○○○○ ○○○○○
○○○○○ ○○○○○ $5 \times □ = □$

14 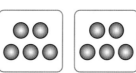 $5 \times □ = □$

15 $5 \times 2 = □$ **16** $5 \times 1 = □$

17 $5 \times 7 = □$ **18** $5 \times 6 = □$

19 $5 \times 8 = □$ **20** $5 \times 9 = □$

step 1 원리 꼼꼼

2. 3단, 6단 곱셈구구

🍀 3단 곱셈구구

×	1	2	3	4	5	6	7	8	9
3	3	6	9	12	15	18	21	24	27

+3 +3 +3 +3 +3 +3 +3 +3

➡ 3단 곱셈구구에서는 곱이 3씩 커집니다.

🍀 6단 곱셈구구

×	1	2	3	4	5	6	7	8	9
6	6	12	18	24	30	36	42	48	54

+6 +6 +6 +6 +6 +6 +6 +6

➡ 6단 곱셈구구에서는 곱이 6씩 커집니다.

원리 확인 그림을 보고 □ 안에 알맞은 수를 써넣으세요.

(1) 세발자전거 1대에는 바퀴가 모두 $3 \times 1 = \boxed{}$(개) 있습니다.

(2) 세발자전거 3대에는 바퀴가 모두 $3 \times 3 = \boxed{}$(개) 있습니다.

원리 확인 그림을 보고 □ 안에 알맞은 수를 써넣으세요.

(1) 접시 2개에는 귤이 $6 \times 2 = \boxed{}$(개) 있습니다.

(2) 접시 4개에는 귤이 $6 \times 4 = \boxed{}$(개) 있습니다.

1 그림을 보고 □ 안에 알맞은 수를 써넣으세요.

$$6 \times \boxed{} = \boxed{}$$

2 그림을 보고 □ 안에 알맞은 수를 써넣으세요.

(1)

| 0 | 3 | 6 | 9 | 12 |

➡ $3 \times \boxed{} = \boxed{}$

(2)

| 0 | 6 | 12 | 18 | 24 | 30 |

➡ $6 \times \boxed{} = \boxed{}$

2. 몇씩 몇 번 뛰어 세어 얼마가 되었는지 알 아봅니다.

3 □ 안에 알맞은 수를 써넣으세요.

(1) $3 \times 7 = \boxed{}$ (2) $3 \times 6 = \boxed{}$

(3) $3 \times 5 = \boxed{}$ (4) $3 \times 8 = \boxed{}$

3. 3단 곱셈구구를 외워 봅니다.

4 □ 안에 알맞은 수를 써넣으세요.

(1) $6 \times 3 = \boxed{}$ (2) $6 \times 8 = \boxed{}$

(3) $6 \times 7 = \boxed{}$ (4) $6 \times 9 = \boxed{}$

4. 6단 곱셈구구를 외워 봅니다.

 □ 안에 알맞은 수를 써넣으세요. [1 ~ 10]

1

×	1	2	3	4	5	6	7	8	9
3	3	6	9	12	15	18	21	24	27

+□ +□ +□ +□ +□ +□ +□ +□

➡ **3**단 곱셈구구에서는 곱이 □ 씩 커집니다.

2   $3 \times □ = □$

3 $3 \times □ = □$

4 $3 \times □ = □$

5 $3 \times 2 = □$ **6** $3 \times 1 = □$

7 $3 \times 4 = □$ **8** $3 \times 9 = □$

9 $3 \times 8 = □$ **10** $3 \times 7 = □$

🍂 □ 안에 알맞은 수를 써넣으세요. [11~20]

11

×	1	2	3	4	5	6	7	8	9
6	6	12	18	24	30	36	42	48	54

+□ +□ +□ +□ +□ +□ +□ +□

➡ **6**단 곱셈구구에서는 곱이 □ 씩 커집니다.

12

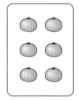

6 × □ = □

13

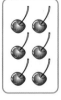 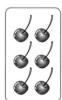

6 × □ = □

14

6 × □ = □

15 6 × 3 = □   **16** 6 × 1 = □

17 6 × 9 = □   **18** 6 × 7 = □

19 6 × 6 = □   **20** 6 × 8 = □

step 1 원리 꼼꼼

3. 4단, 8단 곱셈구구

♣ 4단 곱셈구구

×	1	2	3	4	5	6	7	8	9
4	4	8	12	16	20	24	28	32	36

+4 +4 +4 +4 +4 +4 +4 +4

➡ **4**단 곱셈구구에서는 곱이 **4**씩 커집니다.

♣ 8단 곱셈구구

×	1	2	3	4	5	6	7	8	9
8	8	16	24	32	40	48	56	64	72

+8 +8 +8 +8 +8 +8 +8 +8

➡ **8**단 곱셈구구에서는 곱이 **8**씩 커집니다.

원리 확인 그림을 보고 ☐ 안에 알맞은 수를 써넣으세요.

(1) 클로버 **1**개에 있는 잎은 모두 **4 × 1** = ☐ (장)입니다.

(2) 클로버 **4**개에 있는 잎은 모두 **4 × 4** = ☐ (장)입니다.

원리 확인 그림을 보고 ☐ 안에 알맞은 수를 써넣으세요.

(1) 문어 **1**마리의 다리는 모두 **8 × 1** = ☐ (개)입니다.

(2) 문어 **3**마리의 다리는 모두 **8 × 3** = ☐ (개)입니다.

1 그림을 보고 □ 안에 알맞은 수를 써넣으세요.

$4 \times \boxed{} = \boxed{}$

2 그림을 보고 □ 안에 알맞은 수를 써넣으세요.

(1)
```
├──┼──┼──┼──┼──┤
0   4   8  12  16  20
```
$4 \times \boxed{} = \boxed{}$

(2)
```
├──┼──┼──┼──┤
0   8  16  24  32
```
$8 \times \boxed{} = \boxed{}$

● **2.** 몇씩 몇 번 뛰어 세어 얼마가 되었는지 알아 봅니다.

3 □ 안에 알맞은 수를 써넣으세요.

(1) $4 \times 7 = \boxed{}$ (2) $4 \times 3 = \boxed{}$

(3) $4 \times 9 = \boxed{}$ (4) $4 \times 8 = \boxed{}$

● **3.** 4단 곱셈구구를 외워 봅니다.

4 □ 안에 알맞은 수를 써넣으세요.

(1) $8 \times 5 = \boxed{}$ (2) $8 \times 8 = \boxed{}$

(3) $8 \times 7 = \boxed{}$ (4) $8 \times 9 = \boxed{}$

● **4.** 8단 곱셈구구를 외워 봅니다.

 □ 안에 알맞은 수를 써넣으세요. [1~10]

1

×	1	2	3	4	5	6	7	8	9
4	4	8	12	16	20	24	28	32	36

+□ +□ +□ +□ +□ +□ +□ +□

➡ **4**단 곱셈구구에서는 곱이 □ 씩 커집니다.

2 $4 \times \square = \square$

3 $4 \times \square = \square$

4 $4 \times \square = \square$

5 $4 \times 1 = \square$ **6** $4 \times 5 = \square$

7 $4 \times 3 = \square$ **8** $4 \times 9 = \square$

9 $4 \times 6 = \square$ **10** $4 \times 7 = \square$

□ 안에 알맞은 수를 써넣으세요. [11~20]

11

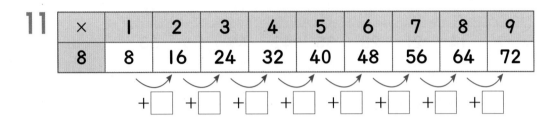

×	1	2	3	4	5	6	7	8	9
8	8	16	24	32	40	48	56	64	72

→ **8**단 곱셈구구에서는 곱이 □ 씩 커집니다.

12

$8 \times \square = \square$

13

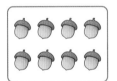

$8 \times \square = \square$

14

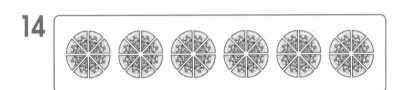

$8 \times \square = \square$

15 $8 \times 4 = \square$

16 $8 \times 1 = \square$

17 $8 \times 8 = \square$

18 $8 \times 5 = \square$

19 $8 \times 7 = \square$

20 $8 \times 9 = \square$

step 1 원리 꼼꼼

4. 7단, 9단 곱셈구구

🍀 **7단 곱셈구구**

×	1	2	3	4	5	6	7	8	9
7	7	14	21	28	35	42	49	56	63

+7 +7 +7 +7 +7 +7 +7 +7

➡ **7**단 곱셈구구에서는 곱이 **7**씩 커집니다.

🍀 **9단 곱셈구구**

×	1	2	3	4	5	6	7	8	9
9	9	18	27	36	45	54	63	72	81

+9 +9 +9 +9 +9 +9 +9 +9

➡ **9**단 곱셈구구에서는 곱이 **9**씩 커집니다.

원리 확인 1 오른쪽 달력을 보고 □ 안에 알맞은 수를 써넣으세요.

(1) **1**주일은 $7 \times 1 = \boxed{}$ (일)입니다.

(2) **3**주일은 $7 \times 3 = \boxed{}$ (일)입니다.

일	월	화	수	목	금	토
1	2	3	4	5	6	7
8	9	10	11	12	13	14
15	16	17	18	19	20	21
22	23	24	25	26	27	28
29	30	31				

원리 확인 2 그림을 보고 □ 안에 알맞은 수를 써넣으세요.

(1) 팔찌 **1**개에는 구슬이 모두 $9 \times 1 = \boxed{}$ (개) 있습니다.

(2) 팔찌 **5**개에는 구슬이 모두 $9 \times 5 = \boxed{}$ (개) 있습니다.

1 그림을 보고 □ 안에 알맞은 수를 써넣으세요.

$$7 \times \boxed{} = \boxed{}$$

2 그림을 보고 □ 안에 알맞은 수를 써넣으세요.

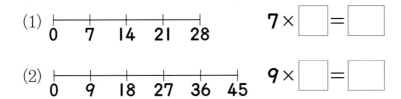

(1)
```
├──┼──┼──┼──┤
0   7  14  21  28
```
$$7 \times \boxed{} = \boxed{}$$

(2)
```
├──┼──┼──┼──┼──┤
0   9  18  27  36  45
```
$$9 \times \boxed{} = \boxed{}$$

3 □ 안에 알맞은 수를 써넣으세요.

(1) $7 \times 7 = \boxed{}$ (2) $7 \times 8 = \boxed{}$

(3) $7 \times 6 = \boxed{}$ (4) $7 \times 9 = \boxed{}$

● **3.** 7단 곱셈구구를 외워 봅니다.

4 □ 안에 알맞은 수를 써넣으세요.

(1) $9 \times 3 = \boxed{}$ (2) $9 \times 7 = \boxed{}$

(3) $9 \times 8 = \boxed{}$ (4) $9 \times 9 = \boxed{}$

● **4.** 9단 곱셈구구를 외워 봅니다.

 □ 안에 알맞은 수를 써넣으세요. [1~10]

1

×	1	2	3	4	5	6	7	8	9
7	7	14	21	28	35	42	49	56	63

+□ +□ +□ +□ +□ +□ +□ +□

➡ **7**단 곱셈구구에서는 곱이 □ 씩 커집니다.

2

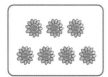 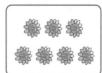 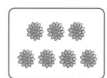

7 × □ = □

3

7 × □ = □

4

7 × □ = □

5 7×2=□

6 7×6=□

7 7×1=□

8 7×7=□

9 7×5=□

10 7×8=□

🌿 □ 안에 알맞은 수를 써넣으세요. [11~20]

11

×	1	2	3	4	5	6	7	8	9
9	9	18	27	36	45	54	63	72	81

+□ +□ +□ +□ +□ +□ +□ +□

➡ **9**단 곱셈구구에서는 곱이 □ 씩 커집니다.

12

$9 \times \boxed{} = \boxed{}$

13

$9 \times \boxed{} = \boxed{}$

14

$9 \times \boxed{} = \boxed{}$

15 $9 \times 3 = \boxed{}$

16 $9 \times 1 = \boxed{}$

17 $9 \times 5 = \boxed{}$

18 $9 \times 6 = \boxed{}$

19 $9 \times 8 = \boxed{}$

20 $9 \times 7 = \boxed{}$

step 1 원리 꼼꼼

5. I단 곱셈구구, 0의 곱

❀ **I단 곱셈구구**

×	I	2	3	4	5	6	7	8	9
I	I	2	3	4	5	6	7	8	9

➡ I과 어떤 수의 곱은 항상 어떤 수입니다.

➡ I × ■ = ■

❀ **0의 곱**

×	I	2	3	4	5	6	7	8	9
0	0	0	0	0	0	0	0	0	0

➡ 0과 어떤 수, 어떤 수와 0의 곱은 항상 0입니다.

➡ 0 × ■ = 0, ■ × 0 = 0

원리 확인 **1** 그림을 보고 ☐ 안에 알맞은 수를 써넣으세요.

(1) 꽃병 I개에는 꽃이 모두 I × I = ☐ (송이) 꽂혀 있습니다.

(2) 꽃병 5개에는 꽃이 모두 I × 5 = ☐ (송이) 꽂혀 있습니다.

원리 확인 **2** 은지는 공에 적힌 숫자만큼 점수를 얻는 공 꺼내기 놀이를 하였습니다. 다음 표와 같이 공을 꺼냈을 때, 빈칸을 채우고 ☐ 안에 알맞은 수를 써넣으세요.

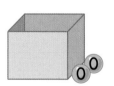

꺼낸 공	꺼낸 횟수(번)	얻은 점수(점)	곱셈식
0	2		➡ 0 × 2 = ☐
3	0		➡ 3 × 0 = ☐

step 2 원리 탄탄

1 어항 속에 들어 있는 물고기의 수를 구하려고 합니다. □ 안에 알맞은 수를 써넣으세요.

(1)

$1 \times \boxed{} = \boxed{}$

(2)

$0 \times \boxed{} = \boxed{}$

2 □ 안에 알맞은 수를 써넣으세요.

(1) $1 \times 3 = \boxed{}$　　　　(2) $0 \times 4 = \boxed{}$

3 빈칸에 알맞은 수를 써넣으세요.

(1)
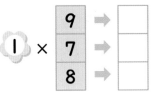

(2)
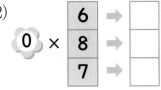

4 예슬이는 사과를 매일 1개씩 먹었습니다. 예슬이가 5일 동안 먹은 사과는 모두 몇 개인가요?

(　　　　　　　)개

1. (1) 물고기가 1마리씩 들어 있는 어항이 6개 있습니다.
   (2) 빈 어항이 5개 있습니다.

어항에 물고기가 한 마리도 없네~

2. (1) 1과 어떤 수의 곱은 항상 어떤 수입니다.
   (2) 0과 어떤 수의 곱은 항상 0입니다.

난 0의 곱이 가장 좋아!

계산할 필요 없이 계산 결과가 항상 0이잖아~

step
3 원리 척척

 □ 안에 알맞은 수를 써넣으세요. [1 ~ 12]

1   1 × 3 = ☐

2   1 × 5 = ☐

3   1 × 4 = ☐

4   1 × 1 = ☐

5   1 × 6 = ☐

6   1 × 8 = ☐

7   1 × 7 = ☐

8   1 × 9 = ☐

9   1 × ☐ = 4

10   1 × ☐ = 2

11   1 × ☐ = 5

12   1 × ☐ = 6

 □ 안에 알맞은 수를 써넣으세요. [13~24]

13 $0 \times 1 = \boxed{}$

14 $1 \times 0 = \boxed{}$

15 $0 \times 2 = \boxed{}$

16 $3 \times 0 = \boxed{}$

17 $0 \times 5 = \boxed{}$

18 $6 \times 0 = \boxed{}$

19 $0 \times 7 = \boxed{}$

20 $4 \times 0 = \boxed{}$

21 $0 \times 9 = \boxed{}$

22 $2 \times 0 = \boxed{}$

23 $0 \times 8 = \boxed{}$

24 $5 \times 0 = \boxed{}$

step 1 원리 꼼꼼

6. 곱셈표 만들기

×	1	2	3	4	5	6	7	8	9
1	1	2	3	4	5	6	7	8	9
2	2	4	6	8	10	12	14	16	18
3	3	6	9	12	15	18	21	24	27
4	4	8	12	16	20	24	28	32	36
5	5	10	15	20	25	30	35	40	45
6	6	12	18	24	30	36	42	48	54
7	7	14	21	28	35	42	49	56	63
8	8	16	24	32	40	48	56	64	72
9	9	18	27	36	45	54	63	72	81

- □로 둘러싸인 수들은 **7**단 곱셈구구이므로 **7**씩 커지는 규칙입니다.
- □로 둘러싸인 수들은 **4**단 곱셈구구이므로 **4**씩 커지는 규칙입니다.
- 점선을 따라 접었을 때 만나는 수들은 서로 같습니다.

원리 확인 1 곱셈구구를 이용하여 곱셈표를 만들어 보세요.

×	1	2	3	4	5	6	7	8	9
1	1		3	4	5		7	8	9
2	2		6	8	10	12	14		18
3	3	6	9	12			21	24	
4	4	8		16	20	24	28		36
5	5		15	20	25	30	35	40	
6	6	12	18		30	36	42		54
7	7		21	28	35	42	49	56	
8		16	24	32	40	48	56	64	
9	9	18		36	45	54		72	81

(1) 곱셈표를 완성하세요.

(2) **2**단 곱셈구구에서는 곱이 □씩 커집니다.

(3) **3**단 곱셈구구에서는 곱이 □씩 커집니다.

(4) **5×7**은 **7×**□와 같습니다.

(5) **8×3**은 **3×**□과 같습니다.

🍂 곱셈표를 보고 물음에 답하세요. [1~3]

×	1	2	3	4	5	6	7	8	9
1	1	2	3	4	5	6	7	8	9
2	2	4	6	8	10	12	14	16	18
3	3	6	9	12	15	18	21	24	27
4	4	8	12	16	20	24	28	32	36
5	5	10	15	20	25	30	35	40	45
6	6	12	18	24	30	36	42	48	54
7	7	14	21	28	35	42	49	56	63
8	8	16	24	32	40	48	56	64	72
9	9	18	27	36	45	54	63	72	81

1 ▭로 둘러싸여 있는 곳과 규칙이 같은 곳을 찾아 색칠해 보세요.

2 ▭로 둘러싸여 있는 수들은 어떤 규칙이 있나요?

(   )

3 점선을 따라 접었을 때 ▨로 색칠된 칸과 만나는 곳에 ○ 하세요.

4 그림을 보고 □ 안에 알맞은 수를 써넣으세요.

$7 \times \boxed{} = \boxed{}$, $\boxed{} \times 7 = \boxed{}$

● 4. 곱하는 두 수를 서로 바꾸어 곱해도 결과 는 항상 같습니다.

🍂 빈칸에 알맞은 수를 써넣으세요. [1~4]

1

×	1	2	3	4	5	6	7	8	9
1			3		5	6			9
2	2		8				14	16	
3		6			15	18		24	

2

×	1	2	3	4	5	6	7	8	9
4			12		20			32	36
5		10				30		40	
6	6			24			42		

3

×	1	2	3	4	5	6	7	8	9
7	7	14			35			56	
8			24			48			72
9			27			54	63		

4

×	1	2	3	4	5	6	7	8	9
3	3			12			21		
6		12			30			48	
9			27			54			81

□ 안에 알맞은 수를 써넣으세요. [5~14]

5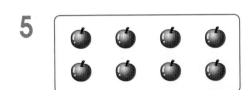

➡ $4 \times \boxed{} = \boxed{}$, $\boxed{} \times 4 = \boxed{}$

6

➡ $5 \times \boxed{} = \boxed{}$, $\boxed{} \times 5 = \boxed{}$

7

➡ $6 \times \boxed{} = \boxed{}$, $\boxed{} \times 6 = \boxed{}$

8

➡ $7 \times \boxed{} = \boxed{}$, $\boxed{} \times 7 = \boxed{}$

9 $3 \times 5 = 5 \times \boxed{}$

10 $2 \times 7 = 7 \times \boxed{}$

11 $9 \times 7 = \boxed{} \times 9$

12 $4 \times 8 = \boxed{} \times 4$

13 $8 \times \boxed{} = 6 \times 8$

14 $\boxed{} \times 6 = 6 \times 4$

원리 꼼꼼

7. 곱셈구구를 이용하여 문제 해결하기

♣ 곱셈구구를 이용하여 다양한 계산 방법으로 연결 모형의 수를 구하기

방법1

$2 \times 3 + 3 \times 4$
$= 6 + 12 = 18$(개)

방법2

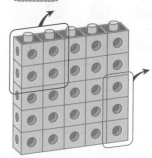

$5 \times 5 - 2 \times 2 - 3 \times 1$
$= 25 - 4 - 3 = 18$(개)

원리 확인 ① 곱셈구구를 이용하여 사탕의 수를 구해 보세요.

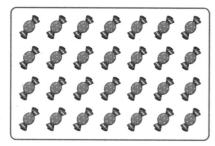

방법1

사탕은 **7**개씩 ☐줄이므로 **7** × ☐ = ☐ (개)
입니다.

방법2

사탕은 **4**개씩 ☐줄이므로 **4** × ☐ = ☐ (개)
입니다.

원리 확인 ② 곱셈구구를 이용하여 바둑돌의 수를 구해 보세요.

방법1

6개짜리 ☐줄과 **3**개짜리 ☐줄을 더해서 구할 수 있습니다.

$6 \times$ ☐ $+ 3 \times$ ☐ $=$ ☐ (개)입니다.

방법2

8개짜리 ☐줄과 **4**개짜리 ☐줄을 더해서 구할 수 있습니다.

$8 \times$ ☐ $+ 4 \times$ ☐ $=$ ☐ (개)입니다.

1 그림을 보고 사과와 배는 모두 몇 개인지 구해 보세요.

방법1 사과는 **5**개씩 ☐ 줄이고 배는 **4**개씩 ☐ 줄입니다.

따라서 사과와 배는 모두

$5 \times$ ☐ $+ 4 \times$ ☐ $=$ ☐ (개)입니다.

방법2 사과는 **3**개씩 ☐ 줄이고 배는 **2**개씩 ☐ 줄입니다.

따라서 사과와 배는 모두

$3 \times$ ☐ $+ 2 \times$ ☐ $=$ ☐ (개)입니다.

● 1. ■ × ▲ = ▲ × ■

2 그림을 보고 쿠키는 모두 몇개인지 구해 보세요.

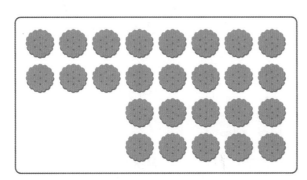

방법1 쿠키는 **8**개씩 ☐ 줄과 **5**개씩 ☐ 줄이므로

$8 \times$ ☐ $+ 5 \times$ ☐ $=$ ☐ (개)입니다.

방법2 쿠키는 **2**개씩 ☐ 줄과 **4**개씩 ☐ 줄이므로

$2 \times$ ☐ $+ 4 \times$ ☐ $=$ ☐ (개)입니다.

방법3 쿠키는 **8**개씩 ☐ 줄에서 **3**개씩 ☐ 줄을 빼면

$8 \times$ ☐ $- 3 \times$ ☐ $=$ ☐ (개)입니다.

● 2. 곱셈구구를 이용하여
더하거나 빼서 구할
수 있습니다.

step 3 원리 척척

🍂 그림을 보고 □ 안에 알맞은 수를 써넣으세요. [1 ~ 6]

1

(병아리 수)

$8 \times \boxed{} = \boxed{}$

$6 \times \boxed{} = \boxed{}$

2

(축구공의 수)

$9 \times \boxed{} = \boxed{}$

$3 \times \boxed{} = \boxed{}$

3

(도토리의 수)

$8 \times \boxed{} = \boxed{}$

$3 \times \boxed{} = \boxed{}$

4

(나뭇잎의 수)

$7 \times \boxed{} = \boxed{}$

$8 \times \boxed{} = \boxed{}$

5

(사탕의 수)

$8 \times \boxed{} = \boxed{}$

$5 \times \boxed{} = \boxed{}$

6

(자동차 바퀴의 수)

$9 \times \boxed{} = \boxed{}$

$4 \times \boxed{} = \boxed{}$

7 곱셈구구를 이용하여 연결 모형의 수를 구해 보세요.

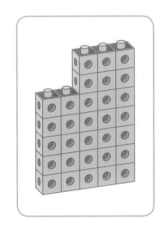

방법1 **3**개씩 ☐줄과 **5**개짜리 ☐줄을 더해서 구할 수 있습니다.

3×☐+**5**×☐=☐(개)

방법2 **5**개씩 ☐줄과 **7**개짜리 ☐줄을 더해서 구할 수 있습니다.

5×☐+**7**×☐=☐(개)

방법3 **5**개씩 ☐줄에서 **2**개짜리 ☐줄을 빼서 구할 수 있습니다.

5×☐−**2**×☐=☐(개)

8 곱셈구구를 이용하여 사탕의 수를 구해 보세요.

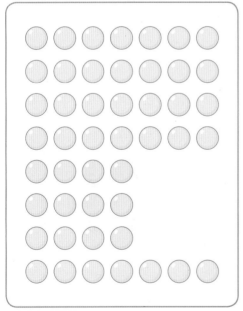

방법1 가로(→) 방향으로 나누어 알아보면

7개짜리 ☐줄과 **4**개짜리 ☐줄과

7개짜리 ☐줄을 더해서 구할 수 있습니다.

7×☐+**4**×☐+**7**×☐=☐(개)

방법2 세로(↓) 방향으로 나누어 알아보면

4개짜리 ☐줄과 **3**개짜리 ☐줄과

3개짜리 ☐줄을 더해서 구할 수 있습니다.

4×☐+**3**×☐+**3**×☐=☐(개)

방법3 사탕이 없는 부분을 채워 넣은 후 알아보면 **7**개짜리 ☐줄에서 **3**개짜리 ☐줄을 빼서 구할 수 있습니다.

7×☐−**3**×☐=☐(개)

01 그림을 보고 □ 안에 알맞은 수를 써넣으세요.

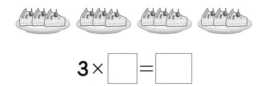

$$3 \times \boxed{} = \boxed{}$$

02 그림을 보고 □ 안에 알맞은 수를 써넣으세요.

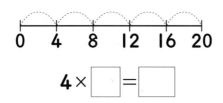

$$4 \times \boxed{} = \boxed{}$$

03 빈칸에 알맞은 수를 써넣으세요.

$$3 \times \begin{array}{|c|} \hline 3 \\ \hline 5 \\ \hline 6 \\ \hline 7 \\ \hline \end{array} \Rightarrow \begin{array}{|c|} \hline \\ \hline \\ \hline \\ \hline \\ \hline \end{array}$$

04 과자가 한 봉지에 **5**개씩 들어 있습니다. **6**봉지에 들어 있는 과자는 모두 몇 개인가요?

(   )개

05 그림을 보고 □ 안에 알맞은 수를 써넣으세요.

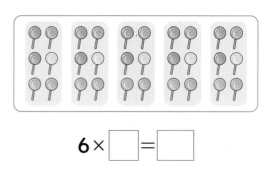

$$6 \times \boxed{} = \boxed{}$$

06 그림을 보고 □ 안에 알맞은 수를 써넣으세요.

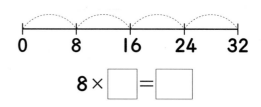

$$8 \times \boxed{} = \boxed{}$$

07 빈 곳에 알맞은 수를 써넣으세요.

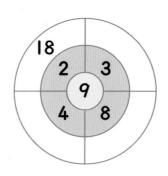

08 색연필이 한 통에 **7**자루씩 들어 있습니다. **3**통에 들어 있는 색연필은 모두 몇 자루인가요?

(   )자루

09 그림을 보고 □ 안에 알맞은 수를 써넣으세요.

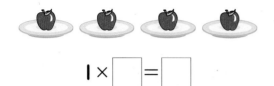

$1 \times \boxed{} = \boxed{}$

10 꽃을 심지 않은 화분이 **3**개 있습니다. 그림을 보고 □ 안에 알맞은 수를 써넣어 꽃의 개수를 구해 보세요.

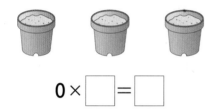

$0 \times \boxed{} = \boxed{}$

11 빈 곳에 알맞은 수를 써넣으세요.

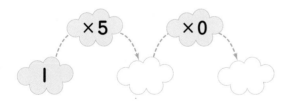

12 예슬이는 공 꺼내기 놀이에서 **0**점짜리 공 **4**개, **1**점짜리 공 **6**개를 꺼냈습니다. 예슬이가 꺼낸 공의 점수는 모두 몇 점인가요?

(   )점

13 곱셈표에서 ▭로 둘러싸여 있는 수들은 어떤 규칙이 있나요?

×	1	2	3	4	5	6	7	8	9
2	2	4	6	8	10	12	14	16	18
3	3	6	9	12	15	18	21	24	27
4	4	8	12	16	20	24	28	32	36

(   )

14 곱셈표에서 ▨로 칠한 곳의 수들은 어떤 규칙이 있나요?

×	1	2	3	4	5	6	7	8	9
5	5	10	15	20	25	30	35	40	45
6	6	12	18	24	30	36	42	48	54
7	7	14	21	28	35	42	49	56	63
8	8	16	24	32	40	48	56	64	72
9	9	18	27	36	45	54	63	72	81

(   )

15 곱셈표에서 ▭로 둘러싸여 있는 곳과 규칙이 같은 곳을 찾아 색칠해 보세요.

×	1	2	3	4	5	6	7	8	9
1	1	2	3	4	5	6	7	8	9
2	2	4	6	8	10	12	14	16	18
3	3	6	9	12	15	18	21	24	27
4	4	8	12	16	20	24	28	32	36
5	5	10	15	20	25	30	35	40	45
6	6	12	18	24	30	36	42	48	54
7	7	14	21	28	35	42	49	56	63
8	8	16	24	32	40	48	56	64	72
9	9	18	27	36	45	54	63	72	81

🍂 그림을 보고 ☐ 안에 알맞은 수를 써넣으세요. [1~3]

01

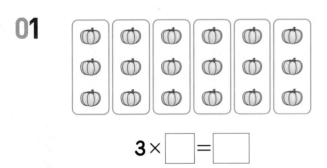

$3 \times \boxed{} = \boxed{}$

02

$4 \times \boxed{} = \boxed{}$

03

0	8	16	24	32	40	48

$8 \times \boxed{} = \boxed{}$

04 ☐ 안에 알맞은 수를 써넣으세요.

(1) $2 \times 7 = \boxed{}$ (2) $5 \times 8 = \boxed{}$

(3) $6 \times 4 = \boxed{}$ (4) $9 \times 3 = \boxed{}$

🍂 빈칸에 알맞은 수를 써넣으세요. [5~7]

05

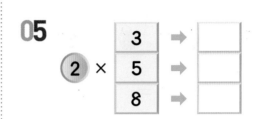

06

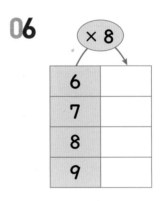

07

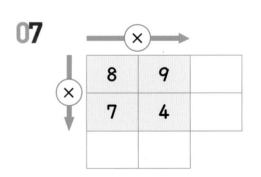

08 곱이 같은 것끼리 선으로 이어 보세요.

2×8 ·　　　　· 6×6

4×9 ·　　　　· 6×4

8×3 ·　　　　· 4×4

09 ○ 안에 >, =, <를 알맞게 써넣으세요.

(1) 7×9 ◯ 8×8

(2) 6×8 ◯ 9×5

10 계산 결과가 가장 큰 것을 찾아 기호를 쓰세요.

> ㉠ 7×6　　㉡ 8×5
> ㉢ 6×9　　㉣ 9×7

(　　　　　　　　)

11 □ 안에 알맞은 수를 써넣으세요.

(1) 1×2=□　　(2) 0×8=□

(3) 1×□=9　　(4) 6×0=□

12 빈 곳에 알맞은 수를 써넣으세요.

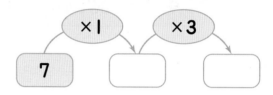

13 빈 곳에 알맞은 수를 써넣으세요.

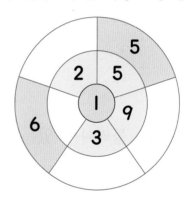

14 빈칸에 알맞은 수를 써넣으세요.

×	1	2	3	4	5
2			6		10
3	3			12	
4		8		16	

🌿 곱셈표의 일부분입니다. 물음에 답하세요.
[15~17]

×	3	4	5	6
6	18	24	30	36
7	21	28	35	42
8	24	32	40	48
9	27	36	45	54

15 ☐로 둘러싸여 있는 수들은 어떤 규칙이 있나요?

(   )

16 ☐로 둘러싸여 있는 수들은 어떤 규칙이 있나요?

(   )

17 ☐로 둘러싸여 있는 수들은 어떤 규칙이 있나요?

(   )

18 ☐ 안에 알맞은 수를 써넣으세요.

(1) $2 \times 5 = 5 \times \boxed{}$

(2) $9 \times 4 = \boxed{} \times 9$

(3) $8 \times \boxed{} = 7 \times 8$

(4) $\boxed{} \times 6 = 6 \times 3$

19 그림을 보고 ☐ 안에 알맞은 수를 써넣으세요.

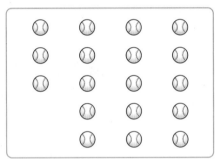

$$1 \times 3 + 3 \times \boxed{} = \boxed{}$$

$$4 \times 5 - \boxed{} = \boxed{}$$

20 지혜의 나이는 9살입니다. 지혜 어머니는 지혜 나이의 4배보다 5살이 많습니다. 지혜 어머니의 나이는 몇 살인가요?

(   )살

길이 재기

이번에 배울 내용

1 cm보다 더 큰 단위 알아보기

2 자로 길이 재기

3 길이의 합

4 길이의 차

5 길이 어림하기

< 이전에 배운 내용

- 길이 비교하기
- | cm 알아보기
- 길이 어림하기

> 다음에 배울 내용

- | mm, | km 알아보기
- cm와 mm, km와 m의 관계 알아보기

step 1 원리 꼼꼼

1. cm보다 더 큰 단위 알아보기

❀ **1 m 알아보기**
- 100 cm를 1미터라고 합니다.
  1미터는 1 m라고 씁니다.

$$\boxed{100 \text{ cm}=1 \text{ m}}$$

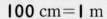

❀ **몇 m 몇 cm 알아보기**
- 168 cm는 1 m보다 68 cm 더 깁니다.
  168 cm를 1 m 68 cm라고도 씁니다.
- 1 m 68 cm를 1미터 68센티미터라고 읽습니다.

$$\boxed{168 \text{ cm}=1 \text{ m } 68 \text{ cm}}$$

원리 확인 ① 창문의 길이를 재어 보세요.

(1) 창문의 가로 길이는 150 cm입니다.

150 cm는 100 cm보다 □ cm 더 깁니다.

➡ 창문의 가로 길이는 1 m보다 □ cm 더 깁니다.

(2) 150 cm = □ cm + 50 cm

= □ m + 50 cm

= □ m 50 cm

(3) 1 m 50 cm는 1 □ 50 □ 라고 읽습니다.

1 □ 안에 알맞은 수를 써넣으세요.

(1) **500** cm = □ m

(2) **3** m = □ cm

(3) **700** cm = □ m

(4) **8** m = □ cm

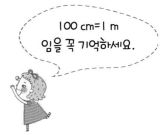

100 cm=1 m
임을 꼭 기억하세요.

2 □ 안에 알맞은 수를 써넣으세요.

(1) **350** cm = □ cm + **50** cm

= □ m + **50** cm = □ m **50** cm

(2) **5** m **37** cm = □ m + **37** cm

= □ cm + **37** cm = □ cm

(3) **436** cm = □ m □ cm

(4) **8** m **45** cm = □ cm

3 관계있는 것끼리 선으로 이어 보세요.

600 cm	·	·	387 cm
3 m 87 cm	·	·	6 m
580 cm	·	·	5 m 80 cm

4 cm와 m 중 알맞은 단위를 써넣으세요.

(1) 연필의 길이는 약 **15** □ 입니다.

(2) 버스의 길이는 약 **10** □ 입니다.

● 4. 길이에 알맞은 단위
를 사용합니다.

🍂 □ 안에 알맞은 수를 써넣으세요. [1~8]

1 200 cm= □ m

2 300 cm= □ m

3 400 cm= □ m

4 500 cm= □ m

5 7 m= □ cm

6 6 m= □ cm

7 8 m= □ cm

8 9 m= □ cm

🍂 □ 안에 알맞은 수를 써넣으세요. [9~16]

9 130 cm= □ m □ cm

10 180 cm= □ m □ cm

11 255 cm= □ m □ cm

12 349 cm= □ m □ cm

13 207 cm= □ m □ cm

14 306 cm= □ m □ cm

15 405 cm= □ m □ cm

16 908 cm= □ m □ cm

🍂 □ 안에 알맞은 수를 써넣으세요. [17~24]

17 1 m 10 cm = [ ] cm

18 1 m 50 cm = [ ] cm

19 5 m 70 cm = [ ] cm

20 8 m 90 cm = [ ] cm

21 2 m 54 cm = [ ] cm

22 3 m 81 cm = [ ] cm

23 8 m 12 cm = [ ] cm

24 7 m 47 cm = [ ] cm

🍂 ○ 안에 >, =, <를 알맞게 써넣으세요. [25~32]

25 532 cm ○ 3 m 67 cm

26 8 m 50 cm ○ 794 cm

27 400 cm ○ 4 m 42 cm

28 2 m 35 cm ○ 270 cm

29 125 cm ○ 2 m 17 cm

30 6 m 32 cm ○ 618 cm

31 350 cm ○ 4 m 59 cm

32 8 m 9 cm ○ 785 cm

step 1 원리 꼼꼼

2. 길이의 합 구하기

🍀 **길이의 합을 구하는 방법**

$$
\begin{array}{r}
1 \text{ m } 40 \text{ cm} \\
+ 1 \text{ m } 20 \text{ cm} \\
\hline
\end{array}
\Rightarrow
\begin{array}{r}
1 \text{ m } | 40 \text{ cm} \\
+ 1 \text{ m } | 20 \text{ cm} \\
\hline
| 60 \text{ cm}
\end{array}
\Rightarrow
\begin{array}{r}
1 \text{ m } | 40 \text{ cm} \\
+ 1 \text{ m } | 20 \text{ cm} \\
\hline
2 \text{ m } | 60 \text{ cm}
\end{array}
$$

① cm는 cm끼리, m는 m끼리 자리를 맞춥니다.

② cm끼리 먼저 더해 줍니다. ➡ **40 cm + 20 cm = 60 cm**

③ m끼리 더해 줍니다. ➡ **1 m + 1 m = 2 m**

원리 확인 1

영수는 상자를 포장하는 데 주황색 리본을 **2 m 10 cm**, 연두색 리본을 **1 m 60 cm** 사용하였습니다. 상자를 포장하는 데 사용한 리본의 길이는 모두 얼마인지 알아보세요.

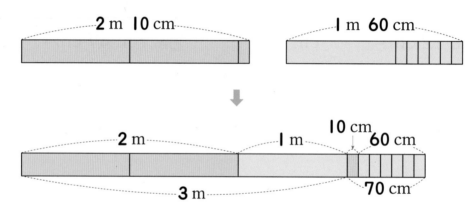

(1) cm끼리 더하면 **10 cm + 60 cm =** ☐ cm입니다.

(2) m끼리 더하면 **2 m + 1 m =** ☐ m입니다.

(3) **2 m 10 cm + 1 m 60 cm =** ☐ m ☐ cm

(4) 영수가 사용한 리본의 길이는 ☐ m ☐ cm입니다.

원리 확인 2

☐ 안에 알맞은 수를 써넣으세요.

$$
\begin{array}{r}
3 \text{ m } | 20 \text{ cm} \\
+ 2 \text{ m } | 30 \text{ cm} \\
\hline
\end{array}
\Rightarrow
\begin{array}{r}
3 \text{ m } | 20 \text{ cm} \\
+ 2 \text{ m } | 30 \text{ cm} \\
\hline
\boxed{} \text{ cm}
\end{array}
\Rightarrow
\begin{array}{r}
3 \text{ m } | 20 \text{ cm} \\
+ 2 \text{ m } | 30 \text{ cm} \\
\hline
\boxed{} \text{ m } | \boxed{} \text{ cm}
\end{array}
$$

step 2 원리 탄탄

1 □ 안에 알맞은 수를 써넣으세요.

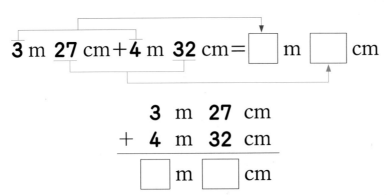

$$3 \text{ m } 27 \text{ cm} + 4 \text{ m } 32 \text{ cm} = \boxed{} \text{ m } \boxed{} \text{ cm}$$

```
    3  m  27  cm
+   4  m  32  cm
─────────────────
    □  m   □  cm
```

1. m는 m끼리, cm는 cm끼리 더합니다.

세로 형식으로 계산할 때에는 단위를 맞춰 계산하도록 해요!

2 그림을 보고 □ 안에 알맞은 수를 써넣으세요.

(1) $3 \text{ m } 26 \text{ cm} + 5 \text{ m } 30 \text{ cm} = \boxed{} \text{ m } \boxed{} \text{ cm}$

(2) $5 \text{ m } 45 \text{ cm} + 4 \text{ m } 13 \text{ cm} = \boxed{} \text{ m } \boxed{} \text{ cm}$

3 길이가 **5 m 76 cm**인 파란색 테이프와 **3 m 10 cm**인 빨간색 테이프를 맞닿도록 이어 붙였습니다. □ 안에 알맞은 수를 써넣으세요.

```
    5  m  □  cm
+   □  m  10  cm
─────────────────
    □  m  □  cm
```

➡ 두 색 테이프의 길이의 합은 □ m □ cm입니다.

4 가영이네 식탁의 가로 길이는 **1 m 65 cm**, 세로 길이는 **1 m 20 cm**입니다. 가로 길이와 세로 길이의 합은 몇 m 몇 cm인가요?

( )m ( )cm

4.
```
    1  m  65  cm
+   1  m  20  cm
```

 □ 안에 알맞은 수를 써넣으세요. [1~10]

1
$$
\begin{array}{r}
1 \ \text{m} \ 70 \ \text{cm} \\
+ \ 2 \ \text{m} \ 10 \ \text{cm} \\
\hline
\square \ \text{m} \ \square \ \text{cm}
\end{array}
$$

2
$$
\begin{array}{r}
6 \ \text{m} \ 30 \ \text{cm} \\
+ \ 3 \ \text{m} \ 40 \ \text{cm} \\
\hline
\square \ \text{m} \ \square \ \text{cm}
\end{array}
$$

3
$$
\begin{array}{r}
4 \ \text{m} \ 60 \ \text{cm} \\
+ \ 2 \ \text{m} \ 20 \ \text{cm} \\
\hline
\square \ \text{m} \ \square \ \text{cm}
\end{array}
$$

4
$$
\begin{array}{r}
3 \ \text{m} \ 33 \ \text{cm} \\
+ \ 1 \ \text{m} \ 14 \ \text{cm} \\
\hline
\square \ \text{m} \ \square \ \text{cm}
\end{array}
$$

5
$$
\begin{array}{r}
6 \ \text{m} \ 12 \ \text{cm} \\
+ \ 1 \ \text{m} \ 5 \ \text{cm} \\
\hline
\square \ \text{m} \ \square \ \text{cm}
\end{array}
$$

6
$$
\begin{array}{r}
3 \ \text{m} \ 24 \ \text{cm} \\
+ \ 2 \ \text{m} \ 61 \ \text{cm} \\
\hline
\square \ \text{m} \ \square \ \text{cm}
\end{array}
$$

7
$$
\begin{array}{r}
5 \ \text{m} \ 27 \ \text{cm} \\
+ \ 2 \ \text{m} \ 42 \ \text{cm} \\
\hline
\square \ \text{m} \ \square \ \text{cm}
\end{array}
$$

8
$$
\begin{array}{r}
4 \ \text{m} \ 33 \ \text{cm} \\
+ \ 2 \ \text{m} \ 25 \ \text{cm} \\
\hline
\square \ \text{m} \ \square \ \text{cm}
\end{array}
$$

9
$$
\begin{array}{r}
3 \ \text{m} \ 43 \ \text{cm} \\
+ \ 5 \ \text{m} \ 19 \ \text{cm} \\
\hline
\square \ \text{m} \ \square \ \text{cm}
\end{array}
$$

10
$$
\begin{array}{r}
4 \ \text{m} \ 38 \ \text{cm} \\
+ \ 4 \ \text{m} \ 45 \ \text{cm} \\
\hline
\square \ \text{m} \ \square \ \text{cm}
\end{array}
$$

🌿 □ 안에 알맞은 수를 써넣으세요. [11~20]

11 2 m 30 cm + 1 m 50 cm = □ m □ cm

12 4 m 60 cm + 2 m 30 cm = □ m □ cm

13 5 m 20 cm + 1 m 50 cm = □ m □ cm

14 3 m 45 cm + 2 m 32 cm = □ m □ cm

15 6 m 54 cm + 2 m 15 cm = □ m □ cm

16 5 m 17 cm + 2 m 41 cm = □ m □ cm

17 4 m 71 cm + 3 m 28 cm = □ m □ cm

18 7 m 68 cm + 1 m 30 cm = □ m □ cm

19 6 m 15 cm + 3 m 74 cm = □ m □ cm

20 3 m 45 cm + 4 m 35 cm = □ m □ cm

step 1 원리 꼼꼼

3. 길이의 차 구하기

❀ **길이의 차를 구하는 방법**

$$
\begin{array}{r}
2\ \text{m}\ 80\ \text{cm} \\
-\ 1\ \text{m}\ 40\ \text{cm} \\
\hline
\end{array}
\Rightarrow
\begin{array}{r}
2\ \text{m}\ 80\ \text{cm} \\
-\ 1\ \text{m}\ 40\ \text{cm} \\
\hline
40\ \text{cm}
\end{array}
\Rightarrow
\begin{array}{r}
2\ \text{m}\ 80\ \text{cm} \\
-\ 1\ \text{m}\ 40\ \text{cm} \\
\hline
1\ \text{m}\ 40\ \text{cm}
\end{array}
$$

① cm는 cm끼리, m는 m끼리 자리를 맞춥니다.

② cm끼리 먼저 빼 줍니다. ➡ **80 cm−40 cm=40 cm**

③ m끼리 빼 줍니다. ➡ **2 m−1 m=1 m**

---

 1 꽃밭의 가로 길이는 **5 m 60 cm**이고, 세로 길이는 **3 m 50 cm**입니다. 꽃밭의 가로 길이는 세로 길이보다 몇 m 몇 cm 더 긴지 알아보세요.

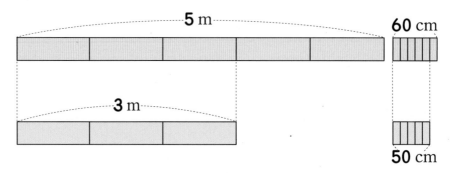

(1) cm끼리 빼면 **60 cm−50 cm=** ☐ cm입니다.

(2) m끼리 빼면 **5 m−3 m=** ☐ m입니다.

(3) **5 m 60 cm−3 m 50 cm=** ☐ m ☐ cm

(4) 꽃밭의 가로 길이는 세로 길이보다 ☐ m ☐ cm 더 깁니다.

---

 2 ☐ 안에 알맞은 수를 써넣으세요.

$$
\begin{array}{r}
5\ \text{m}\ 80\ \text{cm} \\
-\ 2\ \text{m}\ 20\ \text{cm} \\
\hline
\end{array}
\Rightarrow
\begin{array}{r}
5\ \text{m}\ 80\ \text{cm} \\
-\ 2\ \text{m}\ 20\ \text{cm} \\
\hline
\boxed{}\ \text{cm}
\end{array}
\Rightarrow
\begin{array}{r}
5\ \text{m}\ 80\ \text{cm} \\
-\ 2\ \text{m}\ 20\ \text{cm} \\
\hline
\boxed{}\ \text{m}\ \boxed{}\ \text{cm}
\end{array}
$$

1 ☐ 안에 알맞은 수를 써넣으세요.

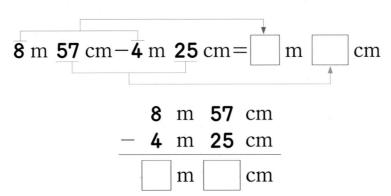

8 m 57 cm − 4 m 25 cm = ☐ m ☐ cm

$$\begin{array}{r} 8\ \text{m}\ \ 57\ \text{cm} \\ -\ \ 4\ \text{m}\ \ 25\ \text{cm} \\ \hline \boxed{}\ \text{m}\ \boxed{}\ \text{cm} \end{array}$$

1. m는 m끼리, cm는 cm끼리 뺍니다.

2 그림을 보고 ☐ 안에 알맞은 수를 써넣으세요.

(1) 8 m 96 cm − 3 m 55 cm = ☐ m ☐ cm

(2) 7 m 48 cm − 4 m 13 cm = ☐ m ☐ cm

2. cm를 먼저 계산한 후, m를 계산합니다.

3 긴 줄넘기의 길이는 2 m 25 cm이고, 짧은 줄넘기의 길이는 1 m 10 cm입니다. ☐ 안에 알맞은 수를 써넣으세요.

$$\begin{array}{r} 2\ \ \text{m}\ \boxed{}\ \text{cm} \\ -\ \boxed{}\ \text{m}\ \ 10\ \ \text{cm} \\ \hline \boxed{}\ \text{m}\ \boxed{}\ \text{cm} \end{array}$$

➡ 두 줄넘기의 길이의 차는 ☐ m ☐ cm입니다.

➡ 긴 줄넘기가 ☐ m ☐ cm 더 깁니다.

4 웅이는 길이가 4 m 75 cm인 테이프를 갖고 있습니다. 이 테이프에서 2 m 40 cm만큼 사용했습니다. 남아 있는 테이프의 길이는 몇 m 몇 cm인가요?

(   )m (   )cm

4.
$$\begin{array}{r} 4\ \text{m}\ \ 75\ \text{cm} \\ -\ 2\ \text{m}\ \ 40\ \text{cm} \\ \hline \end{array}$$

step 3 원리 척척

 □ 안에 알맞은 수를 써넣으세요. [1~10]

1
   5 m 60 cm
− 2 m 30 cm
□ m □ cm

2
   7 m 30 cm
− 6 m 10 cm
□ m □ cm

3
   4 m 50 cm
− 2 m 40 cm
□ m □ cm

4
   6 m 98 cm
− 2 m 86 cm
□ m □ cm

5
   8 m 37 cm
− 3 m 12 cm
□ m □ cm

6
   3 m 65 cm
− 1 m 42 cm
□ m □ cm

7
   9 m 86 cm
− 2 m 45 cm
□ m □ cm

8
   7 m 78 cm
− 3 m 26 cm
□ m □ cm

9
   8 m 75 cm
− 3 m 28 cm
□ m □ cm

10
   9 m 62 cm
− 5 m 35 cm
□ m □ cm

□ 안에 알맞은 수를 써넣으세요. [11~20]

11 3 m 70 cm − 2 m 50 cm = ☐ m ☐ cm

12 5 m 80 cm − 2 m 40 cm = ☐ m ☐ cm

13 6 m 90 cm − 3 m 70 cm = ☐ m ☐ cm

14 4 m 85 cm − 1 m 35 cm = ☐ m ☐ cm

15 7 m 67 cm − 3 m 26 cm = ☐ m ☐ cm

16 3 m 54 cm − 2 m 30 cm = ☐ m ☐ cm

17 6 m 89 cm − 4 m 47 cm = ☐ m ☐ cm

18 8 m 68 cm − 4 m 54 cm = ☐ m ☐ cm

19 9 m 79 cm − 6 m 37 cm = ☐ m ☐ cm

20 8 m 78 cm − 2 m 34 cm = ☐ m ☐ cm

step 1 원리 꼼꼼

4. 길이 어림하기

🌸 **내 몸에서 약 1 m를 찾아보기**

키에서 약 1 m 찾기

양팔 사이의 길이에서 약 1 m 찾기

🌸 **내 몸의 일부를 이용하여 길이 재기**

① 자를 이용하여 몸의 일부를 각각 재어 봅니다.

② 내 몸의 일부를 이용하여 여러 가지 물건의 길이를 어림하여 재어 볼 수 있습니다.

🌸 **여러 가지 방법으로 길이를 어림하기**

① 축구 골대의 길이 어림하기 ➡ 例 한 걸음은 **50 cm**인데 **14**걸음이 나와서 약 **7 m**로 어림했습니다.

② 다보탑의 높이 어림하기 ➡ 例 내 키는 **1 m**인데 내 키의 **10**배 정도라서 약 **10 m**로 어림했습니다.

③ 자를 이용하여 재어 보고 확인해 볼 수 있습니다.

🍂 여러 가지 방법으로 막대의 길이를 어림하려고 합니다. ☐ 안에 알맞은 수를 써넣으세요. [1~2]

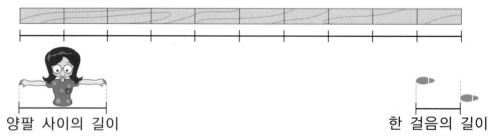

양팔 사이의 길이   한 걸음의 길이

원리 확인 ❶ 양팔 사이의 길이가 약 1 m일 때 막대의 길이는 양팔 사이의 길이로 ☐ 번이므로 약 ☐ m입니다.

원리 확인 ❷ 한 걸음의 길이가 약 50 cm일 때 막대의 길이는 한 걸음의 길이로 ☐ 번이므로 약 ☐ m입니다.

기본 문제를 통해 개념과 원리를 다져요.

1 Ⅰ m보다 긴 것을 모두 찾아 기호를 써 보세요.

> ㉠ 선생님의 키   ㉡ 휴대전화의 길이
>
> ㉢ 교실 문의 높이   ㉣ 공책의 가로 길이

(   )

2 길이를 어림하여 나타낼 때 cm와 m 중 알맞은 단위를 각각 써 보세요.

(1) 의자의 높이   (   )

(2) 집에서 학교까지의 거리   (   )

(3) 교회 건물의 높이   (   )

(4) 필통의 길이   (   )

3 길이를 어림하여 '약 몇 m'로 나타내기에 적당한 것에 ○표 하세요.

필통의 가로 길이	색연필의 길이	건물의 높이
( )	( )	( )

4 주어진 끈의 길이를 어림하였습니다. 어림한 끈의 길이는 약 몇 m인가요?

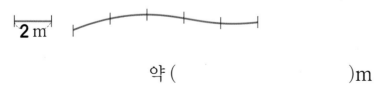

약 (   )m

□ 안에 알맞은 수를 써넣으세요. [1~4]

1 오른쪽 그림과 같이 [   ], [   ], [   ]
의 너비와 같이 내 몸의 일부를 이용하여 어떤 길이를
어림할 수 있습니다.

2

➡ 리코더의 길이를 뼘으로 재면 [   ]뼘입니다.

3

➡ 자의 길이는 엄지손가락 너비로 [   ]번입니다.

4

양팔의 길이

➡ 막대의 길이는 양팔의 길이로 [   ]번입니다.

🍃 **주어진 물건의 길이를 내 몸의 일부를 이용하여 재어 보세요. [5~8]**

5

한 뼘의 길이가 약 **10** cm일 때 책상의 가로 길이를 재어 보았더니 **10**뼘이라면 책상의 가로 길이는 약 ☐ m입니다.

6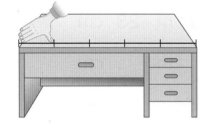

한 뼘의 길이가 약 **20** cm일 때 책상의 가로 길이를 재어 보았더니 ☐뼘이므로 책상의 가로 길이는 약 ☐ m입니다.

7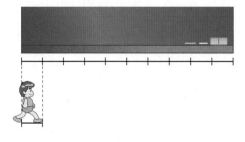

한 걸음의 길이가 약 **30** cm일 때 칠판의 가로 길이를 재어 보았더니 ☐걸음이므로 칠판의 가로 길이는 약 ☐ m입니다.

8

한 걸음의 길이가 약 **50** cm일 때 화단의 가로 길이를 재어 보았더니 ☐걸음이므로 화단의 가로 길이는 약 ☐ m입니다.

01 □ 안에 알맞은 수를 써넣으세요.

(1) **400** cm = □ m

(2) **6** m = □ cm

02 □ 안에 알맞은 수를 써넣으세요.

580 cm = **500** cm + □ cm

= □ m + □ cm

= □ m □ cm

03 □ 안에 알맞은 수를 써넣으세요.

4 m **36** cm = **4** m + □ cm

= □ cm + □ cm

= □ cm

04 ○ 안에 >, =, <를 알맞게 써넣으세요.

(1)

328 cm ○ **3** m

(2)

7 m **60** cm ○ **760** cm

05 □ 안에 알맞은 수를 써넣으세요.

　　5 m **55** cm
　+ **2** m **30** cm
─────────────
　　□ m □ cm

06 길이의 합을 구하세요.

(1)

　　7 m **35** cm
　+ **2** m **23** cm
─────────────
　　□ m □ cm

(2) **3** m **54** cm + **4** m **22** cm

= □ m □ cm

07 길이가 **4** m **35** cm인 테이프에 길이가 **2** m **51** cm인 테이프를 겹치지 않도록 이었습니다. 이은 테이프 전체 길이는 몇 m 몇 cm인가요?

(　　　　)m (　　　　)cm

08 문구점에서 우체국을 거쳐 학교까지 가는 거리는 몇 m 몇 cm인가요?

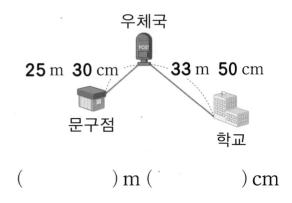

(　　　　) m (　　　　) cm

09 □ 안에 알맞은 수를 써넣으세요.

$$
\begin{array}{r}
7 \ \text{m} \ 47 \ \text{cm} \\
- \ 2 \ \text{m} \ 16 \ \text{cm} \\
\hline
\boxed{} \ \text{m} \ \boxed{} \ \text{cm}
\end{array}
$$

10 길이의 차를 구하세요.

(1)
$$
\begin{array}{r}
4 \ \text{m} \ 98 \ \text{cm} \\
- \ 2 \ \text{m} \ 36 \ \text{cm} \\
\hline
\boxed{} \ \text{m} \ \boxed{} \ \text{cm}
\end{array}
$$

(2) 8 m 69 cm − 4 m 27 cm

= □ m □ cm

11 ㉡에서 ㉢까지의 길이는 몇 m 몇 cm 인가요?

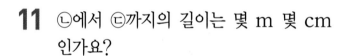

( ) m ( ) cm

12 동민이의 키는 1 m 58 cm이고, 석기의 키는 136 cm입니다. 누구의 키가 몇 cm 더 큰지 구해 보세요.

( ), ( ) cm

13 보기 에서 알맞은 길이를 골라 문장을 완성해 보세요.

보기

| 25 cm | 2 m | 10 m |

(1) 버스의 길이는 약 □ 입니다.

(2) 축구 골대의 높이는 약 □ 입니다.

(3) 아버지의 신발은 약 □ 입니다.

14 교실의 길이를 잴 때 가장 적은 횟수로 잴 수 있는 것을 찾아 기호를 쓰세요.

㉠ 한 뼘의 길이   ㉡ 걸음의 폭
㉢ 양팔 사이의 길이

( )

15 □ 안에 알맞은 단위를 써넣으세요.

(1) 아이스크림의 길이는 약 10 □ 입니다.

(2) 건물의 높이는 약 10 □ 입니다.

16 다음 중 1 m를 넘지 않는 것을 모두 찾아 기호를 쓰세요.

㉠ 자동차의 길이   ㉡ 연필의 길이
㉢ 눈썹의 길이   ㉣ 전봇대의 높이

( )

01 다음을 읽어 보세요.

5 m 82 cm

(   )

02 □ 안에 알맞은 수를 써넣으세요.

(1) 900 cm = □ m

(2) 7 m = □ cm

(3) 257 cm = □ m □ cm

(4) 8 m 12 cm = □ cm

03 ○ 안에 >, =, <를 알맞게 써넣으세요.

(1) 887 cm ○ 8 m 72 cm

(2) 7 m 3 cm ○ 730 cm

04 길이가 가장 긴 것을 찾아 기호를 쓰세요.

㉠ 3 m   ㉡ 302 cm
㉢ 2 m 96 cm   ㉣ 3 m 9 cm

(   )

🍃 그림을 보고 □ 안에 알맞은 수를 써넣으세요. [5~6]

05   4 m 22 cm   5 m 71 cm

4 m 22 cm + 5 m 71 cm
= □ m □ cm

06   5 m 85 cm

3 m 21 cm

5 m 85 cm − 3 m 21 cm
= □ m □ cm

□ 안에 알맞은 수를 써넣으세요. [7~10]

07
$$\begin{array}{r} 5 \text{ m } 24 \text{ cm} \\ + \ 3 \text{ m } 71 \text{ cm} \\ \hline \end{array}$$
☐ m ☐ cm

08 1 m 56 cm + 3 m 23 cm

= ☐ m ☐ cm

09
$$\begin{array}{r} 7 \text{ m } 59 \text{ cm} \\ - \ 4 \text{ m } 37 \text{ cm} \\ \hline \end{array}$$
☐ m ☐ cm

10 6 m 45 cm − 2 m 32 cm

= ☐ m ☐ cm

11 ㉡에서 ㉢까지의 거리는 몇 m 몇 cm인가요?

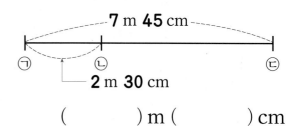

( ) m ( ) cm

12 동민이의 한 뼘은 10 cm입니다. 동민이가 책상의 긴 쪽의 길이를 손으로 재었더니 10뼘이었습니다. 책상의 긴 쪽의 길이는 약 몇 m인가요?

약 ( ) m

13 두 길이의 합과 차는 각각 몇 m 몇 cm인가요?

| 5 m 75 cm   2 m 23 cm |

합: ( ) m ( ) cm
차: ( ) m ( ) cm

14 길이가 더 긴 것을 찾아 기호를 쓰세요.

> ㉠ 3 m 41 cm + 2 m 36 cm
> ㉡ 9 m 87 cm − 4 m 52 cm

(   )

15 학교에서 은행을 거쳐 집까지 가는 거리는 몇 m 몇 cm인가요?

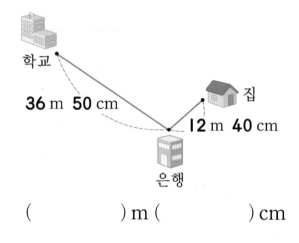

(   ) m (   ) cm

16 가영이는 길이가 9 m 43 cm인 리본 중에서 선물을 포장하는 데 2 m 16 cm 를 사용하였습니다. 남은 리본의 길이는 몇 m 몇 cm인가요?

(   ) m (   ) cm

□ 안에 알맞은 수를 써넣으세요.

[17~18]

17 5 m 23 cm + ☐ cm
= 7 m 40 cm

18 9 m 75 cm − ☐ cm
= 3 m 20 cm

19 화단의 가로 길이는 8 m 64 cm이고, 세로 길이는 가로 길이보다 39 cm 짧습니다. 이 화단의 세로 길이는 몇 m 몇 cm인가요?

(   ) m (   ) cm

20 영수는 높이가 20 cm인 의자에 올라서서 바닥에서부터 머리 끝까지의 높이를 재었더니 1 m 55 cm였습니다. 영수의 키는 몇 m 몇 cm인가요?

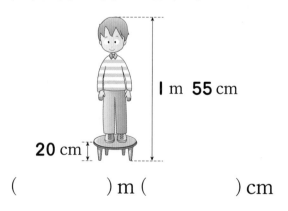

(   ) m (   ) cm

시각과 시간

 이전에 배운 내용

- 몇 시 알아보기
- 몇 시 30분 알아보기

> 다음에 배울 내용

- 1분보다 작은 단위 알아보기
- 시간의 덧셈과 뺄셈

step 1 원리 꼼꼼

1. 몇 시 몇 분인지 읽어 보기 (1)

❀ **시각 알아보기**

- 시계에서 긴바늘이 숫자 **1**, **2**, **3**, ……을 가리키면 각각 **5**분, **10**분, **15**분, ……을 나타냅니다.
- 시계가 나타내는 시각은 **3**시 **40**분입니다.

 원리 확인 1 오른쪽 시계는 희영이가 일어난 시각을 나타낸 것입니다. 희영이가 일어난 시각을 알아보세요.

(1) 시계의 긴바늘은 숫자 ☐ 를 가리키고 있습니다.

(2) 시계의 짧은바늘은 숫자 ☐ 과 ☐ 사이에 있습니다.

(3) 희영이가 일어난 시각은 ☐ 시 ☐ 분입니다.

 원리 확인 2 동권이는 학교 수업을 마치고 집에 **1**시 **25**분에 도착하였습니다. 동권이가 집에 도착한 시각을 오른쪽 시계에 나타내 보세요.

(1) 시계의 짧은바늘은 숫자 ☐ 과 ☐ 사이를 가리키도록 그립니다.

(2) 시계의 긴바늘은 숫자 ☐ 를 가리키도록 그립니다.

 원리 확인 3 ☐ 안에 알맞은 수를 써넣으세요.

(1) 시계의 긴바늘이 숫자 **3**을 가리키면 ☐ 분을 나타냅니다.

(2) 시계의 긴바늘이 숫자 **9**를 가리키면 ☐ 분을 나타냅니다.

1 시계의 긴바늘이 가리키는 숫자에 따라 빈칸에 알맞은 수를 써넣으세요.

숫자	1	2	5	8	10	11
분	5					

● **1.** 시계에서 숫자와 숫자 사이는 작은 눈금 5칸이므로 5분 입니다.

2 오른쪽 시계를 보고 □ 안에 알맞은 수를 써넣으세요.

(1) 시계의 긴바늘이 숫자 □를 가리키고 있습니다.

(2) 시계의 짧은바늘이 숫자 □과 □ 사이를 가리키고 있습니다.

(3) 시계가 나타내는 시각은 □시 □분입니다.

● **2.** 시계에서 긴바늘이 숫자 1, 2, 3, …… 을 가리키면 각각 5분, 10분, 15분, ……을 나타냅니다.

4
단원

3 시각을 읽어 보세요.

(1)
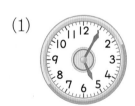

□시 □분

(2)
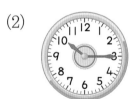

□시 □분

4 시계에 긴바늘을 알맞게 그려 넣으세요.

9시 55분

시각을 알아보고 □ 안에 알맞은 수를 써넣으세요. [1~7]

1

시계의 긴바늘이 가리키는 숫자가 **1**이면 □ 분, **2**이면 □ 분,

3이면 □ 분, ……을 나타냅니다.

왼쪽 그림의 시계가 나타내는 시각은 □ 시 □ 분입니다.

2

□ 시 □ 분

3

□ 시 □ 분

4

□ 시 □ 분

5

□ 시 □ 분

6

□ 시 □ 분

7

□ 시 □ 분

□ 안에 알맞은 수를 써넣으세요. [8~16]

8 시계의 긴바늘이 숫자 **2**를 가리키면 □ 분을 나타냅니다.

9 시계의 긴바늘이 숫자 **3**을 가리키면 □ 분을 나타냅니다.

10 시계의 긴바늘이 숫자 **5**를 가리키면 □ 분을 나타냅니다.

11 시계의 긴바늘이 숫자 **6**을 가리키면 □ 분을 나타냅니다.

12 시계의 긴바늘이 숫자 **7**을 가리키면 □ 분을 나타냅니다.

13 시계의 긴바늘이 숫자 **8**을 가리키면 □ 분을 나타냅니다.

14 시계의 긴바늘이 숫자 **9**를 가리키면 □ 분을 나타냅니다.

15 시계의 긴바늘이 숫자 **10**을 가리키면 □ 분을 나타냅니다.

16 시계의 긴바늘이 숫자 **11**을 가리키면 □ 분을 나타냅니다.

step 1 원리 꼼꼼

2. 몇 시 몇 분인지 읽어 보기 (2)

❖ 시각 알아보기

- 시계에서 긴바늘이 가리키는 작은 눈금 한 칸은 **1**분을 나타냅니다.
- 오른쪽 그림에서 시계의 긴바늘은 숫자 **7**에서 작은 눈금 **2**칸 더 간 곳을 가리키고, 짧은바늘은 숫자 **3**과 **4** 사이를 가리키므로 시계가 나타내는 시각은 **3**시 **37**분입니다.

원리 확인 1 오른쪽 시계는 민철이가 점심을 먹기 시작한 시각입니다. 민철이가 점심을 먹기 시작한 시각을 알아보세요.

(1) 앞부분의 수는 ☐를, 뒷부분의 수는 ☐을 나타냅니다.

(2) 민철이가 점심을 먹기 시작한 시각은 ☐시 ☐분입니다.

원리 확인 2 오른쪽 시계는 정은이네 가족이 놀이공원에 도착한 시각입니다. 정은이네 가족이 놀이공원에 도착한 시각을 알아보세요.

(1) 시계의 짧은바늘은 숫자 ☐과 ☐ 사이를 가리킵니다.

(2) 시계의 긴바늘은 숫자 **3**에서 작은 눈금 ☐칸을 더 갔습니다.

(3) 정은이네 가족이 놀이공원에 도착한 시각은 ☐시 ☐분입니다.

원리 확인 3 상효가 학교에 **8**시 **52**분에 도착하였습니다. 상효가 학교에 도착한 시각을 오른쪽 시계에 나타내 보세요.

(1) 시계의 짧은바늘은 숫자 ☐과 ☐ 사이를 가리키도록 그립니다.

(2) 시계의 긴바늘은 숫자 **10**에서 작은 눈금 ☐칸 더 간 곳을 가리키도록 그립니다.

(3) 상효가 학교에 도착한 시각을 시계에 나타내 보세요.

step 2 원리 탄탄

1 시계를 보고 □ 안에 알맞은 수를 써넣으세요.

시계가 나타내는 시각은 □시 □분입니다.

1. 디지털시계의 시각을 읽을 때에는 : 앞의 수가 '시'이고, : 뒤의 수가 '분'입니다.

2 오른쪽 시계를 보고 □ 안에 알맞은 수를 써넣으세요.

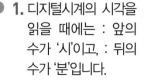

(1) 시계의 짧은바늘은 숫자 □와 □ 사이를 가리킵니다.

(2) 시계의 긴바늘은 숫자 11에서 작은 눈금 □칸을 더 갔습니다.

(3) 시계가 나타내는 시각은 □시 □분입니다.

2. 시계의 긴바늘이 숫자에서 몇 칸을 더 갔는지 알아봅니다.

4
단원

3 같은 시각끼리 선으로 이어 보세요.

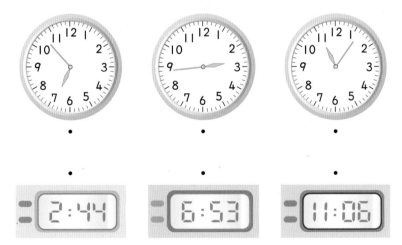

4 다음 시각을 시계에 나타내 보세요.

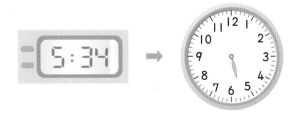

🍂 시각을 알아보고 □ 안에 알맞은 수를 써넣으세요. [1~7]

1

시계에서 긴바늘이 가리키는 작은 눈금 한 칸은 □ 분을 나타냅니다.

왼쪽 그림의 시계가 나타내는 시각은 □ 시 □ 분입니다.

2

□ 시 □ 분

3

□ 시 □ 분

4

□ 시 □ 분

5

□ 시 □ 분

6

□ 시 □ 분

7

□ 시 □ 분

🍂 □ 안에 알맞은 수를 써넣거나 주어진 시각을 시계에 나타내 보세요. [8~14]

8 4시 47분

• 짧은바늘은 숫자 □ 와 □ 사이를 가리키도록 그립니다.

• 긴바늘은 숫자 □ 를 지나 작은 눈금 □ 칸을 더 간 곳을 가리키도록 그립니다.

9 2시 20분

10 4시 8분

11 6시 25분

12 8시 56분

13 10시 12분

14 12시 34분

step 1 원리 꼼꼼

3. 여러 가지 방법으로 시각 읽어 보기

❀ **시각 알아보기**

7시 55분에서 8시가 되려면 5분이 더 지나야 합니다.

7시 55분을 8시 5분 전이라고도 합니다.

> 7시 55분=8시 5분 전

원리 확인 ① 오른쪽 시계는 영심이가 잠자리에 든 시각입니다. 잠자리에 든 시각을 여러 가지 방법으로 나타내 보세요.

`09:50`

(1) 영심이가 잠자리에 든 시각은 ☐시 ☐분입니다.

(2) 영심이가 잠자리에 든 시각은 ☐시에 가깝습니다.

(3) 영심이가 잠자리에 든 시각에서 10시가 되려면 ☐분이 더 지나야 하므로

10시 ☐분 전이라고도 합니다.

(4) 9시 50분은 10시 ☐분 전입니다.

원리 확인 ② 오른쪽 시계는 은혜가 피아노 학원에 도착한 시각입니다. 학원에 도착한 시각을 여러 가지 방법으로 나타내 보세요.

(1) 은혜가 피아노 학원에 도착한 시각은 ☐시 ☐분입니다.

(2) 은혜가 피아노 학원에 도착한 시각은 ☐시에 가깝습니다.

(3) 은혜가 피아노 학원에 도착한 시각에서 5시가 되려면 ☐분이 더 지나야

하므로 5시 ☐분 전이라고도 합니다.

(4) 4시 55분은 5시 ☐분 전입니다.

1 오른쪽 시계를 보고 **1**시 **50**분을 몇 시 몇 분 전이라고 하는지 알아보려고 합니다. ☐ 안에 알맞은 수를 써넣으세요.

(1) **2**시가 되려면 ☐ 분이 더 지나야 합니다.

(2) **1**시 **50**분을 ☐ 시 ☐ 분 전이라고도 합니다.

2 ☐ 안에 알맞은 수를 써넣으세요.

> **11**시 **55**분을 **12**시 ☐ 분 전이라고도 합니다.

2. **12**시가 되려면 몇 분이 더 지나야 하는지 알아봅니다.

3 오른쪽 시계를 보고 ☐ 안에 알맞은 수를 써넣으세요.

05:58

(1) 시계가 나타내는 시각은 ☐ 시 ☐ 분입니다.

(2) **6**시가 되려면 ☐ 분이 더 지나야 합니다.

(3) 이 시각을 ☐ 시 ☐ 분 전이라고도 합니다.

3. 디지털시계의 시각을 읽을 때에는 : 앞의 수가 '시'이고, : 뒤의 수가 '분'입니다.

4 오른쪽 시계를 보고 ☐ 안에 알맞은 수를 써넣으세요.

(1) 시계가 나타내는 시각은 ☐ 시 ☐ 분입니다.

(2) **7**시가 되려면 ☐ 분이 더 지나야 합니다.

(3) 이 시각을 ☐ 시 ☐ 분 전이라고도 합니다.

step 3 원리 척척

🍃 □ 안에 알맞은 수를 써넣으세요. [1~7]

1

• 왼쪽의 시계는 □시 □분을 가리키고 있습니다.

• **4**시가 되려면 □분이 더 지나야 합니다.

• **3**시 **50**분을 □시 □분 전이라고도 합니다.

2

□시 □분

□시 □분 전

3

□시 □분

□시 □분 전

4

□시 □분

□시 □분 전

5

□시 □분

□시 □분 전

6

□시 □분

□시 □분 전

7

□시 □분

□시 □분 전

□ 안에 알맞은 수를 써넣으세요. [8~15]

8
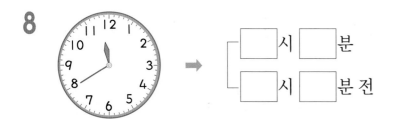
➡ □시 □분
□시 □분 전

9
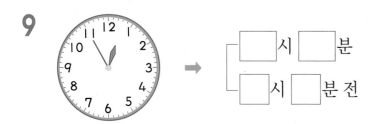
➡ □시 □분
□시 □분 전

10 2시 50분은 3시 □분 전입니다.

11 9시 55분은 10시 □분 전입니다.

12 7시 45분은 8시 □분 전입니다.

13 2시 10분 전은 □시 □분입니다.

14 4시 5분 전은 □시 □분입니다.

15 10시 25분 전은 □시 □분입니다.

step 1 원리 꼼꼼

4. 1시간 알아보기, 걸린 시간 알아보기

❀ 시간 알아보기

- 시계의 짧은바늘이 **7**에서 **8**로 움직이는 데 걸린 시간은 **1**시간입니다.
- 시계의 긴바늘이 한 바퀴 도는 데 걸리는 시간은 **60**분입니다.
- **1**시간은 **60**분입니다.

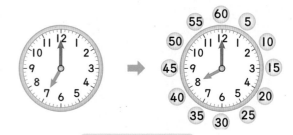

1시간=60분

❀ 걸린 시간 알아보기

운동 시작 시각   1시간 뒤   운동을 마친 시각

| **3**시 | 10분 | 20분 | 30분 | 40분 | 50분 | **4**시 | 10분 | 20분 | 30분 | 40분 | 50분 | **5**시 |

운동을 하는 데 걸린 시간 ➡ **1**시간 **30**분 ➡ **90**분

 • 시각과 시각 사이를 시간이라고 합니다.
- 시계의 긴바늘이 **12**에서 **12**까지 한 바퀴 도는 데 **60**분이 걸립니다.
- 걸린 시간을 몇 분 또는 몇 시간 몇 분으로 바꾸어 나타낼 수 있습니다.

원리 확인 ① 지혜가 어느 날 오후 숙제를 시작한 시각과 마친 시각을 나타내었습니다. 숙제를 하는 데 걸린 시간을 알아보세요.

숙제를 시작한 시각   숙제를 마친 시각

(1) 숙제를 시작한 시각은 ☐시, 숙제를 마친 시각은 ☐시 ☐분입니다.

(2) 숙제를 하는 데 걸린 시간을 시간 띠에 나타내어 알아보세요.

| **4**시 | 10분 | 20분 | 30분 | 40분 | 50분 | **5**시 | 10분 | 20분 | 30분 | 40분 | 50분 | **6**시 |

☐시간 ☐분=☐분

step 2 원리 탄탄

1 용희가 어느날 오후 컴퓨터 게임을 시작한 시각과 마친 시각을 각각 나타내었습니다. ☐ 안에 알맞은 수를 써넣으세요.

| 게임을 시작한 시각 | 마친 시각 |

(1) 컴퓨터 게임을 시작한 시각은 ☐시 ☐분입니다.

(2) 컴퓨터 게임을 마친 시각은 ☐시 ☐분입니다.

(3) 컴퓨터 게임을 한 시간은 ☐시간 ☐분입니다.

(4) 컴퓨터 게임을 한 시간은 ☐분입니다.

2 ☐ 안에 알맞은 수를 써넣으세요.

(1) 반 시간은 ☐분의 반입니다.

(2) **2**시간 **20**분은 ☐분입니다.

(3) **180**분은 ☐시간입니다.

3 상연이는 **3**시에 영화를 보기 시작했습니다. 시계의 긴바늘이 **2**바퀴를 돌았을 때 영화가 끝났습니다. 영화가 끝난 시각은 몇 시인가요?

(   ) 시

1. (1) 짧은바늘이 숫자 **1**과 **2** 사이, 긴바늘이 숫자 **4**를 가리키고 있습니다.
(2) 짧은바늘이 숫자 **3**과 **4** 사이, 긴바늘이 숫자 **6**을 가리키고 있습니다.
(4) **1**시간은 **60**분입니다.

4 단원

step 3 원리 척척

🍂 시계를 보고 하루 중 걸린 시간을 알아보려고 합니다. □ 안에 알맞은 수를 써넣으세요. [1~7]

1 시계의 짧은바늘이 **3**에서 **4**로 움직이는 데 걸리는 시간은 □ 시간입니다.

시계의 긴바늘이 한 바퀴 도는 데 걸리는 시간은 □ 분입니다.

Ⅰ시간은 □ 분입니다.

2 □ 시간

3 □ 시간

4 □ 분

5 □ 시간 □ 분

6 □ 시간 □ 분

7 □ 시간 □ 분

🌿 □ 안에 알맞은 수를 써넣으세요. [8~13]

8 1시간 30분＝1시간＋□분＝□분＋□분＝□분

9 3시간 10분＝3시간＋□분＝□분＋□분＝□분

10 1시간 10분＝□분

11 1시간 45분＝□분

12 2시간 20분＝□분

13 3시간＝□분

🌿 □ 안에 알맞은 수를 써넣으세요. [14~19]

14 65분＝□분＋5분＝□시간＋□분＝□시간 □분

15 140분＝□분＋20분＝□시간＋□분＝□시간 □분

16 80분＝□시간 □분

17 95분＝□시간 □분

18 100분＝□시간 □분

19 110분＝□시간 □분

원리 꼼꼼

5. 하루의 시간 알아보기

• 하루는 **24**시간입니다.

1일=24시간

• 전날 밤 **12**시부터 낮 **12**시까지를 오전이라 하고, 낮 **12**시부터 밤 **12**시까지를 오후라고 합니다.

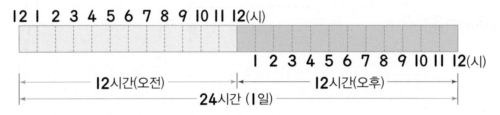

원리 확인 ① 예슬이가 학교에 가서 집에 돌아올 때까지 걸린 시간을 알아보려고 합니다.
□ 안에 알맞은 수나 말을 써넣으세요.

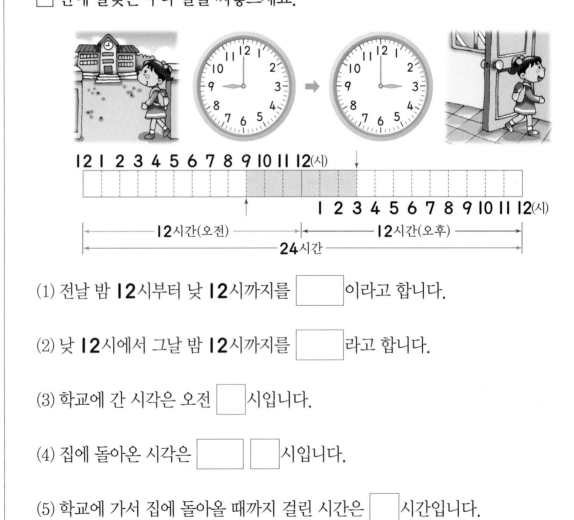

(1) 전날 밤 **12**시부터 낮 **12**시까지를 [ ]이라고 합니다.

(2) 낮 **12**시에서 그날 밤 **12**시까지를 [ ]라고 합니다.

(3) 학교에 간 시각은 오전 [ ]시입니다.

(4) 집에 돌아온 시각은 [ ] [ ]시입니다.

(5) 학교에 가서 집에 돌아올 때까지 걸린 시간은 [ ]시간입니다.

1 □ 안에 알맞은 수를 써넣으세요.

(1) 시계에서 짧은바늘이 두 바퀴 도는 데 걸리는 시간은 □ 시간입니다.

(2) 시계에서 짧은바늘은 **3**일 동안 □ 바퀴를 돕니다.

2 상연이가 어느 날 아침에 일어난 시각과 저녁에 잠을 자기 시작한 시각을 나타내었습니다. 물음에 답하세요.

(1) 일어난 시각은 오전 몇 시입니까?

오전 (   )시

(2) 잠을 자기 시작한 시각은 오후 몇 시입니까?

오후 (   )시

(3) 상연이가 아침에 일어나서 저녁에 잠을 자기 시작한 시각까지 걸린 시간을 색칠하세요.

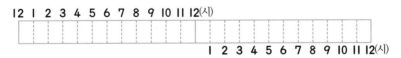

(4) 상연이가 다음날 아침에도 같은 시각에 일어난다면, 상연이가 잠을 잔 시간은 몇 시간입니까?

(   )시간

3 □ 안에 오전과 오후를 알맞게 써넣으세요.

신영이는 □ **7**시에 잠자리에서 일어났고 □ **7**시에 저녁 식사를 하였습니다.

3. 전날 밤 **12**시부터 낮 **12**시까지를 오전이라 하고, 낮 **12**시부터 밤 **12**시까지를 오후라고 합니다.

🍃 □ 안에 알맞은 수나 말을 써넣으세요. [1~8]

1 시계의 짧은바늘이 **3**에서 **4**로 움직이는 데 걸린 시간은 □ 시간입니다.

시계의 긴바늘이 한 바퀴 도는 데 걸리는 시간은 □ 분입니다.

1시간은 □ 분입니다.

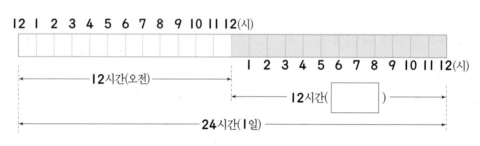

I일 = □ 시간

2 전날 밤 **12**시부터 낮 **12**시까지를 □ 이라고 합니다.

3 낮 **12**시부터 그날 밤 **12**시까지를 □ 라고 합니다.

4 하루는 □ 시간입니다.

5 어느 날 오전 **8**시부터 오전 **11**시까지는 □ 시간입니다.

6 어느 날 오후 **3**시부터 오후 **8**시까지는 □ 시간입니다.

7 어느 날 오전 **6**시부터 오후 **3**시까지는 □ 시간입니다.

8 어느 날 오전 **10**시부터 오후 **5**시 **30**분까지는 □ 시간 □ 분입니다.

🍂 □ 안에 알맞은 수를 써넣으세요. [9~22]

9 1일= □시간

10 48시간= □일

11 1일 5시간= □시간

12 2일 1시간= □시간

13 30시간= □일 □시간

14 1일 7시간= □시간

15 25시간= □일 □시간

16 36시간= □일 □시간

17 3일 2시간= □시간

18 1일 11시간= □시간

19 50시간= □일 □시간

20 60시간= □일 □시간

21 4일= □시간

22 32시간= □일 □시간

step 1 원리 꼼꼼

6. 달력 알아보기

- 7일마다 같은 요일이 반복되므로 1주일은 7일입니다. | 1주일=7일 |
- 1년은 12개월입니다. | 1년=12개월 |
- 날수가 31일인 달은 1월, 3월, 5월, 7월, 8월, 10월, 12월입니다.
- 날수가 30일인 달은 4월, 6월, 9월, 11월입니다.
- 2월의 날수는 28일 또는 29일입니다.

 원리 확인 1 혜서의 생일이 있는 달의 달력입니다. 물음에 답하세요.

일	월	화	수	목	금	토
	1	2	3	4	5	6
7	8	9	10	11	12	13
14	15	16	17	18	19	20
21	22	23	24	25	26	27
28	29	30	31			

혜서 생일 (10)

(1) 혜서의 생일은 ☐ 요일입니다.

(2) 혜서의 생일부터 7일 후는 ☐ 요일입니다.

(3) 이 달의 월요일은 ☐ 일, ☐ 일, ☐ 일, ☐ 일, ☐ 일입니다.

 원리 확인 2 표를 보고 30일까지 있는 달을 알아보세요.

월	1	2	3	4	5	6	7	8	9	10	11	12
날수	31	28 (29)	31	30	31	30	31	31	30	31	30	31

➡ 30일까지 있는 달은 ☐ 월, ☐ 월, ☐ 월, ☐ 월입니다.

1 ☐ 안에 알맞은 수를 써넣으세요.

(1) 1주일은 ☐ 일입니다.

(2) 1년은 ☐ 개월입니다.

2 달력을 보고 ☐ 안에 알맞은 수나 말을 써넣으세요.

일	월	화	수	목	금	토
					1	2
3	4	5	6	7	8	9
10	11	12	13	14	15	16
17	18	19	20	21	22	23
24	25	26	27	28	29	30

(1) 이 달의 **30**일은 ☐ 요일입니다.

(2) 이 달의 일요일은 ☐ 일, ☐ 일, ☐ 일, ☐ 일입니다.

(3) **5**일에서 **3**일 후는 ☐ 일이고 **23**일에서 **5**일 전은 ☐ 일입니다.

3 상진이는 **10**월에 매일 운동을 하였습니다. 상진이가 **10**월에 운동한 날은 모두 며칠인가요?

(   )일

3. 달력을 보면 **31**일 까지 있는 달, **30**일 까지 있는 달, **28**일 (**29**일)까지 있는 달이 있습니다.

4 **1**년 **7**개월은 몇 개월인가요?

(   )개월

4. **1**년은 **12**개월입 니다.

달력을 보고 ☐ 안에 알맞은 수나 말을 써넣으세요. [1~8]

일	월	화	수	목	금	토
				1	2	3
4	5	6	7	8	9	10
11	12	13	14	15	16	17
18	19	20	21	22	23	24
25	26	27	28	29	30	

1 1주일은 일요일, ☐, 화요일, ☐, 목요일, 금요일, ☐ 로 ☐ 일입니다.

1주일= ☐ 일

2 이 달의 목요일은 1일, ☐ 일, ☐ 일, ☐ 일, ☐ 일입니다.

3 이 달의 **25**일은 ☐ 요일입니다.

4 어느 한 주의 일요일부터 토요일까지는 ☐ 일입니다.

5 1주일은 ☐ 일입니다.

6 **13**일에서 **1**주일 후는 ☐ 일입니다.

7 **5**일에서 **7**일 후는 ☐ 요일입니다.

8 **30**일에서 **3**일 전은 ☐ 요일입니다.

🍃 □ 안에 알맞은 수를 써넣으세요. [9~18]

9 2주일= □ 일

10 3주일 4일= □ 일

11 22일= □ 주일 □ 일

12 18일= □ 주일 □ 일

13 27일= □ 주일 □ 일

14 1주일 3일= □ 일

15 1년 2개월= □ 개월

16 2년 3개월= □ 개월

17 25개월= □ 년 □ 개월

18 16개월= □ 년 □ 개월

🍃 빈칸에 알맞은 수를 써넣어 달력을 완성하세요. [19~20]

19 | 9월 |

일	월	화	수	목	금	토
		1	2	3	4	5
6	7	8	9	10	11	12
13	14	15	16	17	18	19
20	21	22	23	24	25	26

20 | 12월 |

일	월	화	수	목	금	토
	1	2	3	4	5	6
7	8	9	10	11	12	13
14	15	16	17	18	19	20
21	22	23	24	25	26	27

01 시각을 읽어 보세요.

□시 □분

02 □ 안에 알맞은 수를 써넣으세요.

> 긴바늘이 숫자 □을 가리키면 **35**분 입니다.

03 시각을 읽어 보세요.

(1)

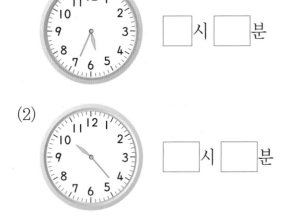

□시 □분

(2)

□시 □분

04 시각에 맞도록 긴바늘을 그려 넣으세요.

2시 35분

05 효근이가 어느 날 오후에 숙제를 시작한 시각과 마친 시각을 나타내었습니다. 숙제를 하는 데 걸린 시간은 몇 분인가요?

숙제를 시작한 시각　　숙제를 마친 시각

(　　　　　)분

06 □ 안에 알맞은 수를 써넣으세요.

(1) **2**시간 **50**분은 □ 분입니다.

(2) **190**분은 □시간 □분입니다.

07 다음 시각에서 **15**분 전은 몇 시 몇 분인가요?

(　　　　　)시 (　　　　　)분

08 □ 안에 알맞은 수를 써넣으세요.

> **7**시 **6**분 전은 □시 □분입니다.

09 □ 안에 알맞은 수를 써넣으세요.

$$1일 8시간 = \boxed{} 시간$$

10 알맞은 말에 ◯ 하세요.

낮 12시에서 밤 12시까지를
(오전 , 오후)(이)라고 합니다.

11 □ 안에 알맞은 수를 써넣으세요.

오전 9시부터 오후 5시까지는 $\boxed{}$
시간입니다.

12 어느 날 해가 뜨는 시각과 해가 지는 시각을 나타내었습니다. 해가 떠서 질 때까지 걸리는 시간은 몇 시간인가요?

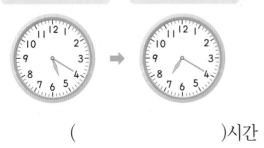

| 해가 뜨는 시각 | 해가 지는 시각 |

( )시간

13 다음은 어느 달의 달력의 일부분입니다. 이 달의 18일은 무슨 요일인가요?

일	월	화	수	목	금	토
			1	2	3	4
5	6	7	8	9	10	11
	13	14	15			

( )

14 어느 해 10월 달력의 일부분입니다. 8일부터 1주일 후는 며칠이고, 무슨 요일인가요?

일	월	화	수	목	금	토
						1
2	3	4	5	6	7	8
	11	12				

( )일, ( )

15 위 14의 달력을 보고, 이 달의 넷째 수요일은 며칠인지 구하세요.

( )일

16 □ 안에 알맞은 수를 써넣으세요.

$$23개월 = \boxed{} 년 \boxed{} 개월$$

단원 평가

4. 시각과 시간

점수

01 시계의 긴바늘이 가리키는 숫자입니다. 분을 알맞게 써넣으세요.

숫자	1	3	6	8	11
분	5				

🍃 시각을 읽어 보세요. [2~3]

02

□시 □분

03

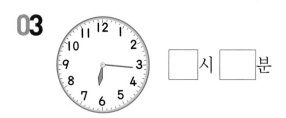

□시 □분

🍃 시각을 나타내세요. [4~5]

04

5시 5분

05

11시 33분

06 시계의 긴바늘이 **3**바퀴 도는 데 걸리는 시간은 몇 시간인가요?

( )시간

🍃 시계를 보고 어느 날 오후 걸린 시간을 알아보려고 합니다. □ 안에 알맞은 수를 써넣으세요. [7~9]

07

숙제를 시작한 시각 → 숙제를 마친 시각

□시간

08

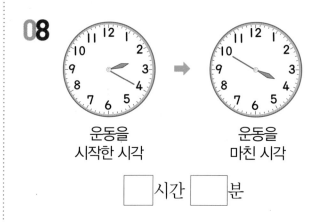

운동을 시작한 시각 → 운동을 마친 시각

□시간 □분

09

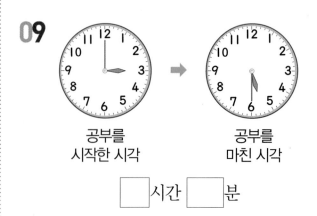

공부를 시작한 시각 → 공부를 마친 시각

□시간 □분

10 □ 안에 알맞은 수를 써넣으세요.

(1) **1**시간 **20**분 = □ 분

(2) **2**시간 **50**분 = □ 분

(3) **90**분 = □ 시간 □ 분

(4) **125**분 = □ 시간 □ 분

🍃 **다음 시각을 두 가지 방법으로 읽어 보세요.**
[11~12]

11

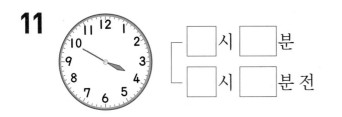

□ 시 □ 분

□ 시 □ 분 전

12

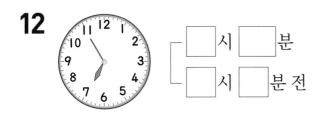

□ 시 □ 분

□ 시 □ 분 전

13 □ 안에 알맞은 수를 써넣으세요.

(1) **3**시 **50**분은 □ 시 □ 분 전입니다.

(2) **2**시 **15**분 전은 □ 시 □ 분입니다.

14 그림을 보고 □ 안에 알맞은 말을 써넣으세요.

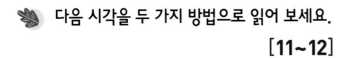

(1) 전날 밤 **12**시부터 낮 **12**시까지를 □ 이라고 합니다.

(2) 낮 **12**시부터 그날 밤 **12**시까지를 □ 라고 합니다.

15 □ 안에 알맞은 수를 써넣으세요.

(1) 어느 날 오전 **8**시부터 오후 **2**시까지는 □ 시간입니다.

(2) 어느 날 오전 **7**시부터 오후 **1**시 **30**분까지는 □ 시간 □ 분입니다.

(3) 시계의 짧은바늘은 하루 동안 □ 바퀴 돌고, 하루는 □ 시간입니다.

16 다음은 어느 달의 달력입니다. 물음에 답하세요.

일	월	화	수	목	금	토
	1	2	3	4	5	6
7	8	9	10	11	12	13
14	15	16	17	18	19	20
21	22	23	24	25	26	27
28	29	30	31			

(1) 이 달의 둘째 토요일은 며칠인가요?

(　　　　　)일

(2) 9일에서 1주일 후는 무슨 요일 인가요?

(　　　　　)

(3) 4일에서 16일 후는 무슨 요일인 가요?

(　　　　　)

17 어느 달의 첫째 수요일이 1일이면, 이 달의 셋째 수요일은 며칠인가요?

(　　　　　)일

18 □ 안에 알맞은 수를 써넣으세요.

(1) 1주일 4일 = □일

(2) 24일 = □주일 □일

(3) 1년 7개월 = □개월

(4) 20개월 = □년 □개월

19 1년에 날수가 30일인 달은 모두 몇 번 있나요?

(　　　　　)번

20 다음 11월 달력을 완성하세요.

11월

일	월	화	수	목	금	토
			1	2	3	4
5	6	7	8	9	10	11
12	13	14	15	16	17	18
19	20	21	22	23	24	25

step 1 원리 꼼꼼

🌸 **자료를 조사하고 분류하여 표로 나타내기**

미호네 반 학생들이 좋아하는 간식을 조사하였습니다.

좋아하는 간식별로 학생 수를 세어 표로 나타내면 다음과 같습니다.

좋아하는 간식별 학생 수

간식	떡볶이	과자	햄버거	과일	합계
학생 수(명)	4	2	3	1	10

🍂 **소영이네 반 학생들이 좋아하는 꽃을 조사하여 나타내었습니다. 물음에 답하세요. [1~2]**

소영	형우	지윤	보라
승혜	경아	희주	진수
영미	훈재	규호	서연

- 튤립
- 장미
- 백합
- 해바라기

원리 확인 ➊ 경아가 좋아하는 꽃은 어떤 꽃인가요?

(   )

원리 확인 ➋ 좋아하는 꽃 종류별로 학생 수를 세어 보고 표로 나타내 보세요.

좋아하는 꽃별 학생 수

꽃	튤립	장미	백합	해바라기	합계
학생 수(명)	3	4			

step 2 원리 탄탄

주영이네 반 학생들이 좋아하는 동물을 조사하였습니다. 물음에 답하세요. [1~2]

 사자

 코끼리

 원숭이

곰

1 사자를 좋아하는 학생은 몇 명인가요?

(   )명

2 좋아하는 동물별로 학생 수를 세어 보고 표로 나타내 보세요.

좋아하는 동물별 학생 수

동물	사자	코끼리	원숭이	곰	합계
학생 수(명)					

2. 표의 합계는 조사한 학생 수의 합과 같아야 합니다.

3 좋아하는 운동별로 학생 수를 세어 보고 표로 나타내 보세요.

좋아하는 운동

이름	운동	이름	운동	이름	운동
수진	축구	남은	야구	명수	배구
시현	배구	혜준	농구	소정	농구
수연	야구	민아	야구	준혁	축구

좋아하는 운동별 학생 수

운동	축구	야구	배구	농구	합계
학생 수(명)					

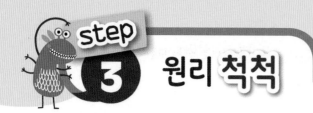

 step **3** 원리 척척

🍂 자료를 보고 표로 나타내 보세요. [1~3]

1 학용품의 개수

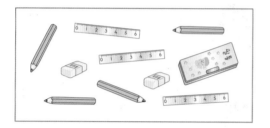

학용품의 개수

학용품	연필	지우개	자	필통	합계
개수(개)					

2 우산의 색깔

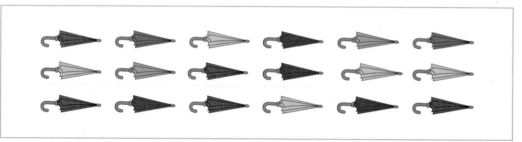

색깔별 우산 수

색	빨간색	파란색	노란색	검은색	초록색	합계
개수(개)						

3 동물 인형 수

동물별 인형 수

인형	곰	새	사슴	개구리	코끼리	합계
개수(개)						

자료를 보고 표로 나타내 보세요. [4~6]

4

좋아하는 음식

이름	음식	이름	음식
영수	김밥	지혜	라면
한초	라면	석기	피자
동민	김밥	한별	라면
예슬	피자	효근	라면
신영	피자	상연	피자

좋아하는 음식별 학생 수

음식	김밥	라면	피자	합계
학생 수(명)				

5

좋아하는 계절

이름	계절	이름	계절	이름	계절
웅이	봄	가영	가을	동민	봄
신영	여름	한솔	겨울	지혜	가을
예슬	겨울	규형	겨울	영수	봄

좋아하는 계절별 학생 수

음식	봄	여름	가을	겨울	합계
학생 수(명)					

6

좋아하는 운동

이름	계절	이름	계절	이름	계절
영수	농구	지혜	축구	용희	축구
한초	배구	석기	농구	웅이	야구
동민	축구	한별	축구	가영	농구
효근	야구	상연	농구	규형	축구

좋아하는 운동별 학생 수

음식	농구	배구	축구	야구	합계
학생 수(명)					

step 1 원리 꼼꼼

2. 그래프로 나타내기

자료를 분류하여 그래프로 나타내기

수정이네 반 학생들이 좋아하는 계절을 조사하여 표로 나타내었습니다.

좋아하는 계절별 학생 수

계절	봄	여름	가을	겨울	합계
학생 수(명)	5	3	4	2	14

위의 표를 보고 그래프로 나타내면 다음과 같습니다.

좋아하는 계절별 학생 수

학생 수(명) \ 계절	봄	여름	가을	겨울
5	○			
4	○		○	
3	○	○	○	
2	○	○	○	○
1	○	○	○	○

① 그래프의 가로와 세로에 무엇을 나타낼지 정합니다.

② ○를 아래쪽에서부터 위쪽으로 한 칸에 한 개씩 그립니다.

➡ 계절별로 좋아하는 학생 수의 많고 적음을 한 눈에 알아볼 수 있습니다.

 원리 확인 1 민영이네 반 학생들이 좋아하는 음식을 조사하여 나타낸 표를 보고 그래프로 나타내 보세요.

좋아하는 음식별 학생 수

음식	김밥	피자	짜장면	냉면	불고기	합계
학생 수(명)	2	5	3	1	4	15

좋아하는 음식별 학생 수

학생 수(명) \ 음식	김밥	피자	짜장면	냉면	불고기
5					
4					
3					
2	○				
1	○				

효원이네 반 학생들이 키우고 있는 애완동물을 조사하였습니다. 물음에 답하세요. [1~5]

키우고 있는 애완동물

이름	운동	이름	운동	이름	운동
효원	토끼	태영	햄스터	종현	햄스터
선안	햄스터	시경	토끼	민호	거북이
세훈	거북이	수인	이구아나	재영	햄스터
연주	햄스터	지환	토끼	혜정	햄스터

1 애완동물로 토끼를 키우고 있는 학생은 몇 명인가요?

( )명

1. 토끼를 키우고 있는 학생 수를 세어 봅니다.

2 조사한 내용을 보고 표로 나타내 보세요.

키우고 있는 애완동물별 학생 수

애완동물	토끼	햄스터	거북이	이구아나	합계
학생 수(명)					

3 조사한 학생은 모두 몇 명인가요?

( )명

3. 전체 조사한 학생 수는 표에서 합계의 수와 같습니다.

4 위의 표를 보고 키우고 있는 애완동물별 학생 수만큼 ○를 하여 그래프로 나타내 보세요.

키우고 있는 애완동물별 학생 수

6				
5				
4				
3				
2				
1				
학생 수(명) / 애완동물	토끼	햄스터	거북이	이구아나

5 가장 많은 학생이 좋아하는 애완동물은 무엇인가요? 또, 몇 명인가요?

( ), ( )명

🍂 표를 보고 그래프로 나타내 보세요. [1~3]

1

좋아하는 간식별 학생 수

간식	사탕	초콜릿	과자	젤리	합계
학생 수(명)	2	4	3	1	10

좋아하는 간식별 학생 수

4				
3				
2				
1				
학생 수(명) 간식	사탕	초콜릿	과자	젤리

2

좋아하는 과일별 학생 수

과일	귤	사과	배	포도	합계
학생 수(명)	7	10	5	3	25

좋아하는 과일별 학생 수

10				
9				
8				
7				
6				
5				
4				
3				
2				
1				
학생 수(명) 과일	귤	사과	배	포도

3

좋아하는 동물별 학생 수

동물	사과	기린	토끼	곰	합계
학생 수(명)	10	6	5	3	24

좋아하는 동물별 학생 수

10				
9				
8				
7				
6				
5				
4				
3				
2				
1				
학생 수(명) 동물	사자	기린	토끼	곰

표를 보고 그래프로 나타내 보세요. [4~5]

4

가 보고 싶은 나라별 학생 수

나라	미국	영국	프랑스	일본	중국	호주	합계
학생 수(명)	5	4	2	3	3	4	21

가 보고 싶은 나라별 학생 수

5						
4						
3						
2						
1						
학생 수(명) / 나라	미국	영국	프랑스	일본	중국	호주

5

태어난 달별 학생 수

태어난 달	1	2	3	4	5	6	7	8	9	10	11	12	합계
학생 수(명)	2	3	1	3	4	2	6	4	7	5	3	1	41

태어난 달별 학생 수

7											
6											
5											
4											
3											
2											
1											
학생 수(명) / 태어난 달	1	2	3	4	5	6	7	8	9	10	11	12

step 1 원리 꼼꼼

3. 표와 그래프의 내용 알아보고 나타내기

표와 그래프의 내용 알아보기

• 호연이네 반 학생들이 좋아하는 과목을 조사하여 표와 그래프로 나타내었습니다.

좋아하는 과목별 학생 수

간식	국어	수학	사회	과학	합계
학생 수(명)	4	3	5	4	16

표로 나타내면 조사한 종류별 자료의 수와 전체 자료의 수를 쉽게 알 수 있습니다.

좋아하는 과목별 학생 수

5			○	
4	○		○	○
3	○	○	○	○
2	○	○	○	○
1	○	○	○	○
학생 수(명) / 과목	국어	수학	사회	과학

그래프로 나타내면 가장 많은 것과 가장 적은 것을 한눈에 알 수 있고 종류별 크기를 비교하기 쉽습니다.

 원리 확인 1 재희네 반 학생들이 좋아하는 장난감을 조사하여 표와 그래프로 나타내었습니다. 물음에 답하세요.

좋아하는 장난감별 학생 수

음식	인형	미니카	게임기	합계
학생 수(명)	5	3	2	10

좋아하는 장난감별 학생 수

5	○		
4	○		
3	○	○	
2	○	○	○
1	○	○	○
학생 수(명) / 장난감	인형	미니카	게임기

(1) 표에서 조사한 학생은 모두 몇 명인가요?

(   )명

(2) 가장 많은 학생이 좋아하는 장난감은 무엇인가요?

(   )

기본 문제를 통해 개념과 원리를 다져요.

아영이네 반 학생들이 가장 좋아하는 산을 조사하였습니다. 물음에 답하세요. [1~4]

좋아하는 산

이름	운동	이름	운동	이름	운동
아영	지리산	윤진	설악산	종현	한라산
선우	설악산	승현	내장산	민호	지리산
현미	한라산	정주	설악산	재영	설악산
진규	설악산	호영	지리산	혜정	한라산

1 좋아하는 산별로 학생 수를 세어 표로 나타내 보세요.

좋아하는 산별 학생 수

산	지리산	설악산	내장산	한라산	합계
학생 수(명)					

2 1의 표를 보고 그래프로 나타내 보세요.

좋아하는 산별 학생 수

5				
4				
3				
2				
1				
학생 수(명) / 산	지리산	설악산	내장산	한라산

3 가장 많은 학생이 좋아하는 산과 가장 적은 학생이 좋아하는 산을 차례로 쓰세요.

( )

3. ○의 개수가 가장 많은 산과 ○의 개수가 가장 적은 산을 알아봅니다.

4 학생 수의 많고 적음을 한눈에 알아볼 수 있는 것은 표와 그래프 중 어느 것인가요?

( )

표를 보고 ☐ 안에 알맞은 수를 써넣으세요. [1~4]

좋아하는 채소별 학생 수

과일	당근	상추	오이	가지	합계
학생 수(명)	5	7	2	1	15

1 당근을 좋아하는 학생은 ☐명입니다.

2 가장 많은 학생이 좋아하는 채소는 ☐입니다.

3 가장 적은 학생이 좋아하는 채소는 ☐입니다.

4 당근을 좋아하는 학생은 오이를 좋아하는 학생보다 ☐명 더 많습니다.

표를 보고 ☐ 안에 알맞은 수나 말을 써넣으세요. [5~9]

좋아하는 음식별 학생 수

음식	치킨	피자	햄버거	김밥	떡볶이	합계
학생 수(명)	6	8	3	4	5	26

5 치킨을 좋아하는 학생은 ☐명입니다.

6 떡볶이를 좋아하는 학생은 ☐명입니다.

7 가장 많은 학생이 좋아하는 음식은 ☐입니다.

8 가장 적은 학생이 좋아하는 음식은 ☐입니다.

9 떡볶이를 좋아하는 학생은 햄버거를 좋아하는 학생보다 ☐명 더 많습니다.

그래프를 보고 ☐ 안에 알맞은 수나 말을 써넣으세요. [10~12]

10 파랑을 좋아하는 학생은 ☐명입니다.

11 가장 많은 학생이 좋아하는 색은 ☐ 입니다.

12 가장 적은 학생이 좋아하는 색은 ☐ 입니다.

좋아하는 색별 학생 수

학생 수(명) / 색	파랑	초록	빨강	노랑
4			◯	
3		◯	◯	
2	◯	◯	◯	
1	◯	◯	◯	◯

그래프를 보고 ☐ 안에 알맞은 수나 말을 써넣으세요. [13~16]

좋아하는 운동별 학생 수

학생 수(명) / 운동	축구	수영	야구	농구	태권도
7		◯			
6		◯			
5		◯	◯		
4		◯	◯	◯	
3	◯	◯	◯	◯	
2	◯	◯	◯	◯	◯
1	◯	◯	◯	◯	◯

13 축구를 좋아하는 학생은 ☐명입니다.

14 가장 많은 학생이 좋아하는 운동은 ☐ 입니다.

15 가장 적은 학생이 좋아하는 운동은 ☐ 입니다.

16 가장 많은 학생이 좋아하는 운동부터 차례로 쓰면 ☐, ☐, ☐, ☐, ☐ 입니다.

01 예슬이와 친구들의 취미를 조사하였습니다. 조사한 내용을 보고, 표로 나타내 보세요.

이름	취미	이름	취미	이름	취미
예슬	독서	가영	수영	신영	등산
동민	수영	웅이	노래	규형	수영
효근	등산	송이	독서	용희	노래
석기	독서	한별	노래	율기	독서

취미별 학생 수

취미	독서	수영	등산	노래	합계
학생 수(명)					

02 효근이네 모둠 학생들이 좋아하는 동물을 조사하였습니다. 물음에 답하세요.

규형	신영	예슬	한별
석기	용희	지혜	효근
한초	동민	한솔	웅이

(1) 조사한 내용을 보고, 표로 나타내 보세요.

동물별 좋아하는 학생 수

동물	기린	양	토끼	강아지	합계
학생 수(명)					

(2) 가장 많은 학생이 좋아하는 동물은 어떤 동물인가요?

(   )

03 상연이네 모둠 학생들이 좋아하는 중국 음식을 조사하여 나타낸 표입니다. ○를 하여 그래프로 나타내 보세요.

좋아하는 중국 음식별 학생 수

중국 음식	짬뽕	우동	짜장면	볶음밥	합계
학생 수(명)	3	1	5	4	13

좋아하는 중국 음식별 학생 수

5				
4				
3				
2				
1				
학생 수(명) / 음식	짬뽕	우동	짜장면	볶음밥

04 축구 대회에 참가한 팀별로 승리한 횟수를 조사하여 나타낸 표입니다. ○를 하여 그래프로 나타내 보세요.

팀별 승리 횟수

축구 팀	서울	대구	부산	대전	합계
승리 횟수(회)	4	2	2	3	11

팀별 승리 횟수

4				
3				
2				
1				
승리 횟수(회) / 축구팀	서울	대구	부산	대전

05 한별이와 친구들이 좋아하는 악기를 조사하였습니다. 조사한 내용을 보고, 표로 나타내 보세요.

이름	악기	이름	악기	이름	악기
한별	피아노	신영	탬버린	용희	피아노
동민	리코더	규형	피아노	한솔	첼로
효근	탬버린	웅이	리코더	영수	탬버린
예슬	피아노	율기	첼로	상연	리코더
가영	첼로	지혜	피아노	민지	탬버린

좋아하는 악기별 학생 수

악기	리코더	피아노	탬버린	첼로	합계
학생 수(명)					

06 5의 표를 보고, 악기별로 좋아하는 학생 수만큼 ○를 하여 그래프로 나타내 보세요.

좋아하는 악기별 학생 수

6				
5				
4				
3				
2				
1				
학생 수(명) / 악기	리코더	피아노	탬버린	첼로

07 6의 그래프에서 가장 많은 학생이 좋아하는 악기는 무엇인가요?

( )

08 석기네 반 학생들이 좋아하는 육류를 조사하였습니다. 조사한 내용을 보고, 표로 나타내 보세요.

이름	육류(고기)	이름	육류(고기)	이름	육류(고기)
석기	소	신영	닭	지혜	돼지
예슬	돼지	웅이	소	철호	닭
동민	돼지	율기	닭	재련	소
가영	닭	규형	돼지	소영	소
효근	소	용희	닭	민선	닭

좋아하는 육류별 학생 수

육류(고기)	소	돼지	닭	합계
학생 수(명)				

09 8의 표를 보고, 육류별로 좋아하는 학생 수만큼 ○를 하여 그래프로 나타내 보세요.

좋아하는 육류별 학생 수

6			
5			
4			
3			
2			
1			
학생 수(명) / 육류(고기)	소	돼지	닭

10 9의 그래프에서 가장 많은 학생이 좋아하는 육류부터 차례대로 쓰세요.

( )

❧ 지혜네 반 학생들이 받고 싶어 하는 선물을 조사하였습니다. 물음에 답하세요. [1~6]

받고 싶어 하는 선물

영수	지혜	용희	한초
동민	한별	가영	한솔
효근	규형	상연	은서
예진	수민	주환	민영
석기	웅이	예슬	신영
지성	가은	해연	수정

01 지혜가 받고 싶어 하는 선물은 무엇인가요?

( )

02 게임기를 받고 싶어 하는 학생의 이름을 모두 쓰세요.

( )

03 조사한 내용을 보고 표로 나타내 보세요.

받고 싶어 하는 선물별 학생 수

선물	인형	신발	게임기	옷	동화책	합계
학생 수(명)						

04 인형을 받고 싶어 하는 학생은 모두 몇 명인가요?

( )명

05 가장 많은 학생이 받고 싶어 하는 선물은 무엇인가요?

( )

06 인형을 받고 싶어 하는 학생은 게임기를 받고 싶어 하는 학생보다 몇 명 더 많나요?

( )명

영수네 모둠 학생들이 한 달 동안 읽은 책의 수를 조사하여 나타낸 표입니다. 물음에 답하세요. [7~13]

학생별 읽은 책 수

이름	영수	석기	한별	상연	웅이	합계
책수(권)	4	5	3	8	2	22

07 석기가 한 달 동안 읽은 책은 몇 권인가요?

( )권

08 한 달 동안 읽은 책이 3권인 학생은 누구인가요?

( )

09 영수네 모둠 학생이 한 달 동안 읽은 책은 모두 몇 권인가요?

( )권

10 표를 보고 그래프로 나타내 보세요.

학생별 읽은 책 수

책 수(권) / 이름	영수	석기	한별	상연	웅이
8					
7					
6					
5					
4					
3					
2					
1					

11 한 달 동안 읽은 책이 가장 적은 학생은 누구인가요?

( )

12 한 달 동안 읽은 책이 4권보다 많은 학생의 이름을 모두 쓰세요.

( )

13 가장 많은 책을 읽은 학생부터 차례대로 이름을 쓰세요.

( )

🍂 예슬이네 반 학생들이 좋아하는 채소를 조사하여 나타낸 표입니다. 물음에 답하세요. [14~17]

좋아하는 채소별 학생 수

선물	고구마	당근	감자	오이	호박	합계
학생 수(명)	4	3		5	6	22

14 감자를 좋아하는 학생은 몇 명인가요?

( )명

15 호박을 좋아하는 학생은 당근을 좋아하는 학생보다 몇 명 더 많나요?

( )명

16 예슬이네 반 학생은 모두 몇 명인가요?

( )명

17 가장 많은 학생이 좋아하는 채소는 무엇인가요?

( )

🍂 웅이네 반 학생들의 장래 희망을 조사하여 나타낸 그래프입니다. 물음에 답하세요. [18~20]

장래 희망별 학생 수

학생 수(명) / 장래 희망	의사	선생님	과학자	운동선수	연예인
6				○	
5			○	○	
4		○	○	○	
3		○	○	○	○
2	○	○	○	○	○
1	○	○	○	○	○

18 가장 많은 학생의 장래 희망은 무엇인가요?

( )

19 장래 희망별 학생 수가 가장 많은 것과 가장 적은 것의 차는 몇 명인가요?

( )명

20 과학자가 되고 싶어 하는 학생은 의사가 되고 싶어 하는 학생보다 몇 명 더 많나요?

( )명

단원 **6** 규칙 찾기

이번에 배울 내용

1 무늬에서 규칙 찾기

2 쌓은 모양에서 규칙 찾기

3 덧셈표에서 규칙 찾기

4 곱셈표에서 규칙 찾기

5 생활에서 규칙 찾기

❋ 무늬에서 규칙 찾기(1)

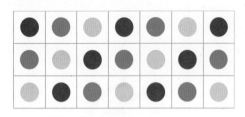

- ●, ●, ◯이 반복되는 규칙입니다.
- ╱ 방향으로 ●(또는 ●, ◯)만 있습니다.
- ╲ 방향으로 ●, ◯, ●이 반복되어 나옵니다.

❋ 무늬에서 규칙 찾기(2)

초록색으로 색칠되어 있는 부분이 시계 반대 방향으로 돌아가고 있습니다.

원리 확인 1 규칙을 찾아보고 물음에 답해 보세요.

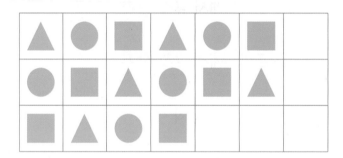

(1) 찾을 수 있는 규칙을 써 보세요.

(   )

(2) 규칙에 맞도록 빈칸에 알맞은 모양을 그려 보세요.

원리 확인 2 빈 곳에 알맞게 색칠해 보세요.

1 규칙을 찾아 ○ 안에 색칠해 보세요.

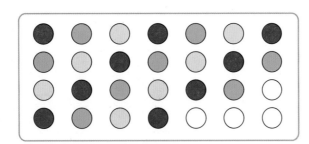

2 위 **1**의 모양을 ●는 **1**, ◐는 **2**, ○는 **3**으로 바꿔서 나타내 보세요.

1	2	3	1	2	3
2	3	1	2	3	1
3	1	2	3		
1	2				

3 규칙을 찾아 □ 안에 들어갈 과일의 이름을 써 보세요.

(   )

4 규칙을 찾아 빈칸에 알맞게 그려 보세요.

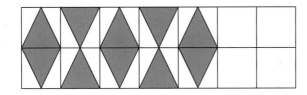

5 규칙을 찾아 □를 알맞게 그려 넣으세요.

step 3 원리 척척

규칙에 따라 빈칸에 들어갈 알맞은 모양을 그려 넣으세요. [1~3]

1

2

3

규칙에 따라 빈 곳에 알맞게 색칠해 보세요. [4~6]

4

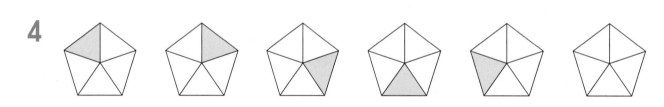

5

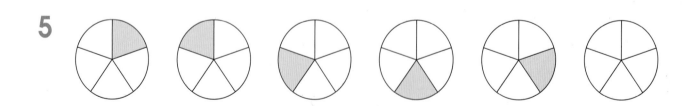

6

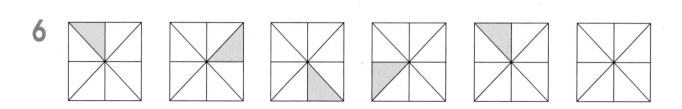

규칙을 찾아 □ 안에 알맞은 모양을 그려 보고, 규칙을 써 보세요. [7~9]

7 ■ ▲ ● ■ ▲ ● ■ ▲ ● ■ □ □

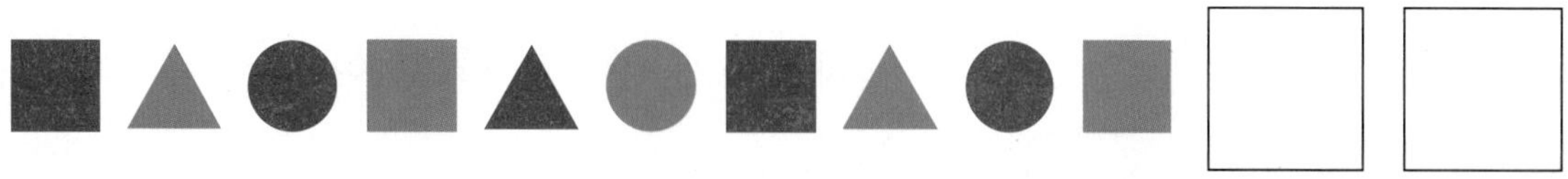

규칙

8 ● ▲ ■ ● ▲ ■ ● ▲ □

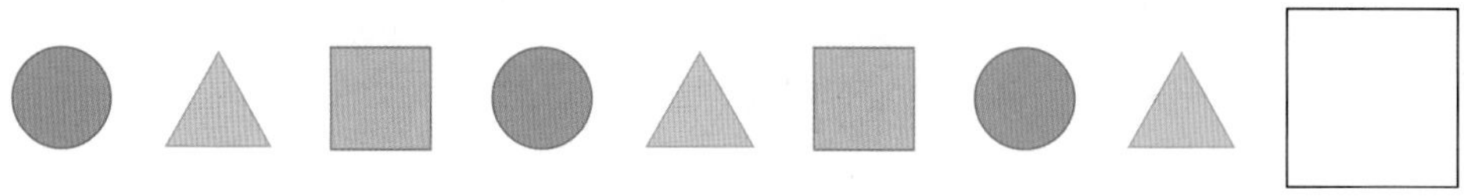

규칙

9 ■ ▲ ■ ▲ ■ ▲ ■ ▲ ■ ▲ □ □

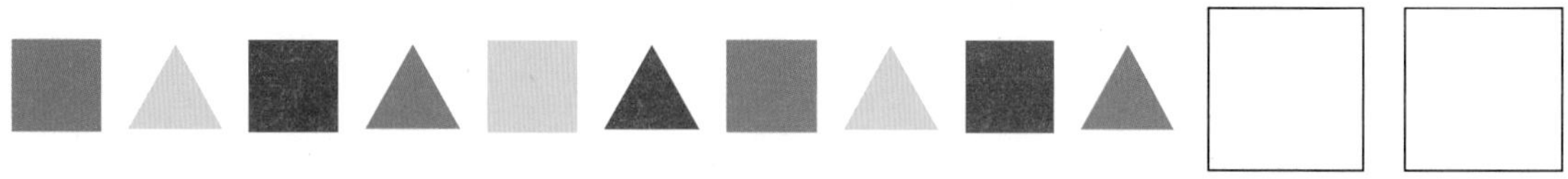

규칙

10 규칙을 찾아 △ 안에 ●를 알맞게 그려 보세요.

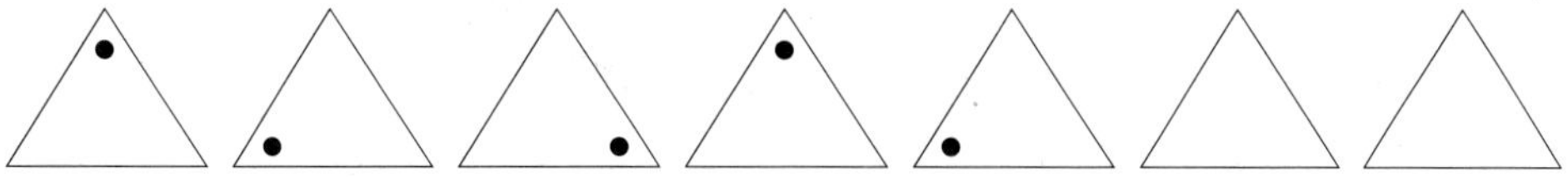

11 규칙을 찾아 □ 안에 ●를 알맞게 그려 보세요.

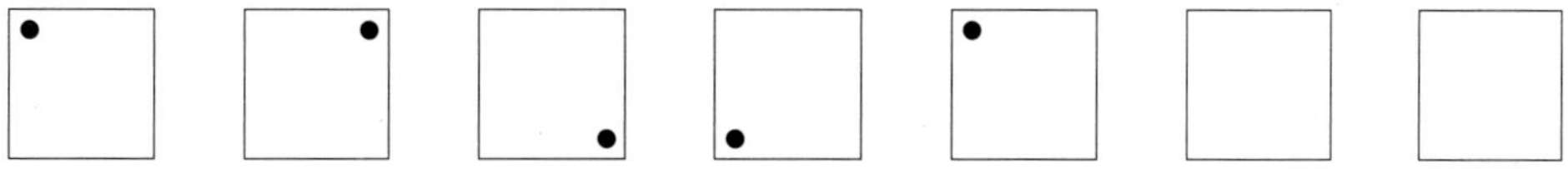

step 1 원리 꼼꼼

2. 쌓은 모양에서 규칙 찾기

❖ 상자가 쌓인 모양에서 규칙 찾기

→ 상자를 **4**개, **2**개로 반복하여 쌓은 규칙이 있습니다.

❖ 쌓기나무로 쌓은 모양에서 규칙 찾기

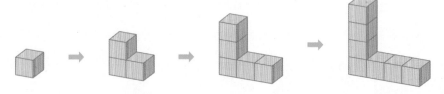

- ㄴ 모양으로 쌓은 규칙입니다.
- 가장 위층에 **|**개씩, 가장 아래층에 **|**개씩 쌓기나무가 늘어나는 규칙입니다.
- 쌓기나무가 **2**개씩 늘어나는 규칙입니다.

원리 확인 ① 다음은 어떤 규칙에 따라 쌓기나무를 쌓았습니다. 물음에 답하세요.

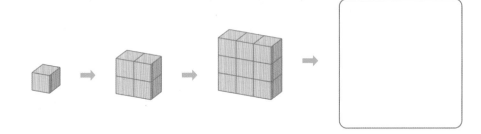

(1) **2**층으로 쌓은 모양에서 쌓기나무는 모두 몇 개인가요?

( )개

(2) **3**층으로 쌓은 모양에서 쌓기나무는 모두 몇 개인가요?

( )개

(3) **4**층으로 쌓기 위해서는 쌓기나무가 몇 개 필요한가요?

( )개

(4) 규칙에 따라 넷째 모양에 쌓을 쌓기나무는 모두 몇 개인가요?

( )개

어떤 규칙에 따라 쌓기나무를 쌓았습니다. 물음에 답하세요. [1~3]

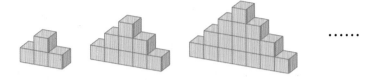

......

1 쌓기나무를 쌓은 규칙을 써 보세요.

_____

_____

2 넷째 모양에 쌓을 쌓기나무는 모두 몇 개인가요?

(   )개

3 다섯째 모양에 쌓을 쌓기나무는 모두 몇 개인가요?

(   )개

4 어떤 규칙에 따라 쌓기나무를 쌓았습니다. 쌓기나무를 **4**층까지 쌓기 위해 필요한 쌓기나무는 모두 몇 개인가요?

(   )개

6 단원

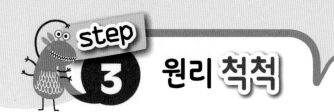

쌓기나무로 쌓은 규칙을 찾아 써 보세요. [1~4]

1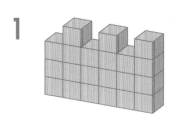

규칙 _____

_____

2

규칙 _____

_____

3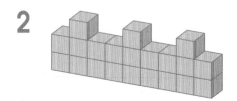

규칙 _____

_____

4

규칙 _____

_____

쌓기나무를 규칙에 따라 쌓았습니다. 다음에 이어질 모양을 쌓기 위해 필요한 쌓기나무는 모두 몇 개인지 구하세요. [5~8]

5

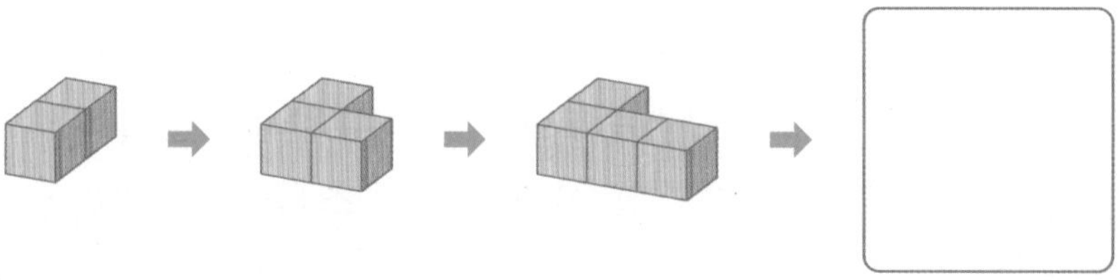

(   )개

6

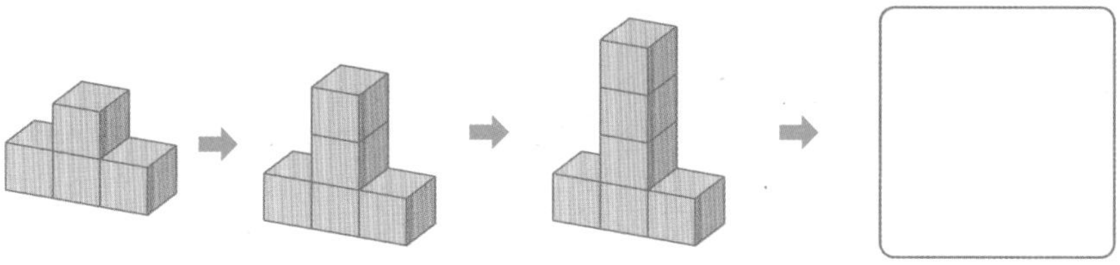

(   )개

7

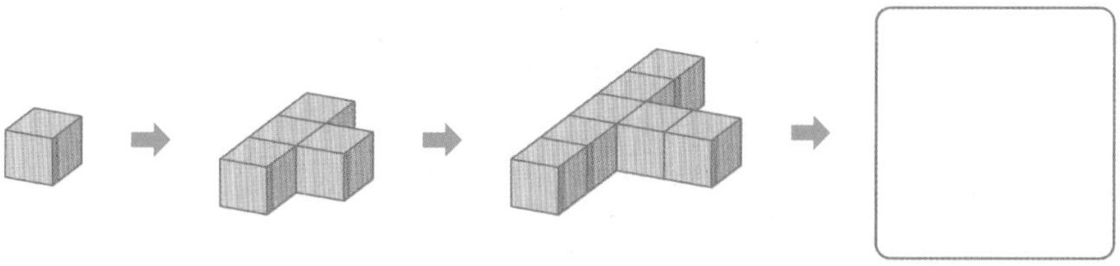

(   )개

8

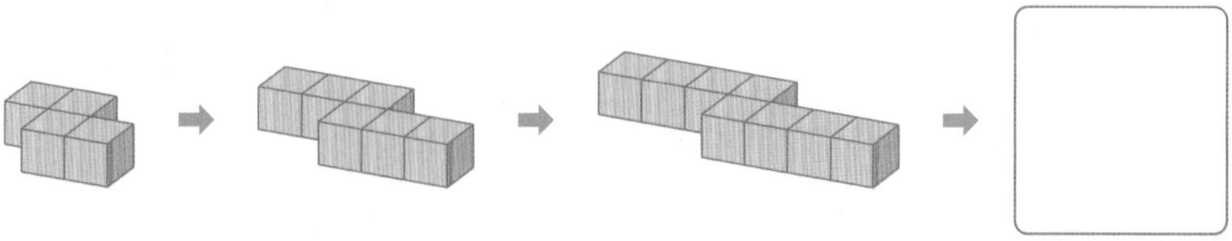

(   )개

step 1 원리 꼼꼼

3. 덧셈표에서 규칙 찾기

❀ 덧셈표에서 규칙 찾기

+	0	1	2	3	4	5	6	7	8	9
0	0	1	2	3	4	5	6	7	8	9
1	1	2	3	4	5	6	7	8	9	10
2	2	3	4	5	6	7	8	9	10	11
3	3	4	5	6	7	8	9	10	11	12
4	4	5	6	7	8	9	10	11	12	13
5	5	6	7	8	9	10	11	12	13	14
6	6	7	8	9	10	11	12	13	14	15
7	7	8	9	10	11	12	13	14	15	16
8	8	9	10	11	12	13	14	15	16	17
9	9	10	11	12	13	14	15	16	17	18

- ▭ 안에 있는 수들은 오른쪽으로 갈수록 1씩 커지는 규칙이 있습니다.
- ▭ 안에 있는 수들은 아래쪽으로 내려갈수록 1씩 커지는 규칙이 있습니다.
- ↘ 방향으로 갈수록 2씩 커지는 규칙이 있습니다.
- ↙ 방향으로는 모두 같은 수가 놓여 있는 규칙이 있습니다.

원리 확인 1 덧셈표를 보고 물음에 답하세요.

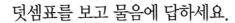

+	3	4	5	6	7
3	6	7	8	9	10
4	7	㉠	9	10	11
5	8	9	10	11	12
6	9	㉡	11	12	13
7	10	11	12	13	14

(1) 오른쪽으로 한 칸씩 갈 때마다 몇씩 커지나요?

( )

(2) 위에서 아래로 한 칸씩 내려갈 때마다 어떤 규칙이 있나요?

( )

(3) 규칙을 찾아 ㉠, ㉡에 알맞은 수를 각각 구하세요.

㉠ ( ), ㉡ ( )

🍂 덧셈표를 보고 물음에 답하세요. [1~5]

+	1	3	5	7	9
1	2	4	6	8	10
3	4	6	8	10	
5	6	8	10		
7	8	10			
9	10				

1 빈칸에 알맞은 수를 써넣어 덧셈표를 완성하세요.

2 ☐로 둘러싸인 수들은 어떤 규칙이 있나요?

_____

_____

3 ↓ 위에 있는 수들은 어떤 규칙이 있나요?

_____

_____

4 ╱ 위에 있는 수들은 어떤 규칙이 있나요?

_____

_____

5 덧셈표에서 규칙을 찾아 빈칸에 알맞은 수를 써넣으세요.

	12		16
12		16	
14			

1. 오른쪽으로 얼마씩 커지는지, 아래쪽으로 얼마씩 커지는지 알아봅니다.

6
단원

🍂 덧셈표를 보고 ☐ 안에 알맞은 수나 말을 써넣으세요. [1~4]

+	1	2	3	4	5
1	2	3	4	5	6
2	3	4	5	6	7
3	4	5	6	7	8
4	5	6	7	8	9
5	6	7	8	9	10

1 오른쪽으로 한 칸씩 갈 때마다 ☐씩 커집니다.

2 아래쪽으로 한 칸씩 내려갈 때마다 ☐씩 커집니다.

3 ＼ 위에 있는 수들은 ☐씩 커지거나 작아집니다.

4 ／ 위에는 ☐ 수들이 있습니다.

🍂 덧셈표를 보고 ☐ 안에 알맞은 수나 말을 써넣으세요. [5~8]

+	0	2	4	6	8
0	0	2	4	6	8
2	2	4	6	8	
4	4	6	8		
6	6	8			
8	8				

5 규칙을 찾아 빈칸에 알맞은 수를 써넣으세요.

6 오른쪽으로 한 칸씩 갈 때마다 ☐씩 커집니다.

7 아래쪽으로 한 칸씩 내려갈 때마다 ☐씩 커집니다.

8 ＼ 위에 있는 수들은 0부터 ☐씩 커집니다.

덧셈표에서 규칙을 찾아 빈칸에 알맞은 수를 써넣으세요. [9~14]

+	1	2	3	4	5	6
1	2	3	4	5	6	7
2	3	4	5	6	7	8
3	4	5	6	7	8	9
4	5	6	7	8	9	10

9

15	16
16	

| 16 | | 18 |

10

8	
	10
	11	12

11

	11	
11		13

12

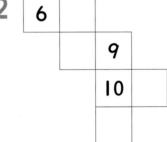

6	
	9
	10

13

15		17	
16			
	18		

14

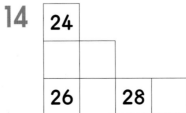

24		
26		28

step 1 원리 꼼꼼

4. 곱셈표에서 규칙 찾기

🍀 곱셈표에서 규칙 찾기

×	1	2	3	4	5	6	7	8	9
1	1	2	3	4	5	6	7	8	9
2	2	4	6	8	10	12	14	16	18
3	3	6	9	12	15	18	21	24	27
4	4	8	12	16	20	24	28	32	36
5	5	10	15	20	25	30	35	40	45
6	6	12	18	24	30	36	42	48	54
7	7	14	21	28	35	42	49	56	63
8	8	16	24	32	40	48	56	64	72
9	9	18	27	36	45	54	63	72	81

• ⬚ 안에 있는 수들은 **3**씩 커지거나 작아지는 규칙이 있습니다.

• ⬚ 안에 있는 수들은 **7**씩 커지거나 작아지는 규칙이 있습니다.

• ↘ 을 따라 접었을 때 만나는 수들은 서로 같습니다.

 원리 확인 **1** 곱셈표를 보고 물음에 답하세요.

×	1	2	3	4	5
1	1	2	3	4	5
2	2	4	6	8	10
3	3	6	9	12	15
4	4	8	12	16	20
5	5	10	15	20	25

(1) → 위에 있는 수들은 어떤 규칙이 있나요?

( )

(2) → 위에 있는 수들과 같은 규칙이 있는 수들을 찾아 색칠해 보세요.

(3) ↘ 를 따라 접었을 때 만나는 수들은 서로 어떤 관계가 있나요?

( )

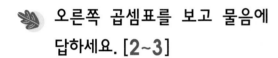

1 곱셈표를 보고 ㉠, ㉡에 알맞은 수를 각각 구하세요.

×	4	5	6	7
4	16	20	㉠	28
5	20	25	30	35
6	24	30	36	42
7	28	㉡	42	49

㉠ (   )

㉡ (   )

🍂 오른쪽 곱셈표를 보고 물음에 답하세요. [2~3]

×	0	2	4	6	8
1	0	2	4	6	
3	0	6	12	18	24
5	0	10	20		40
7		14	28	42	56
9	0		36	54	

2 빈칸에 알맞은 수를 써넣어 곱셈표를 완성하세요.

3 곱셈표에서 규칙을 찾아 □ 안에 알맞은 수나 말을 써넣으세요.

(1) 0과 어떤 수의 곱은 항상 □ 입니다.

(2) 1과 어떤 수의 곱은 항상 □ 입니다.

🍂 오른쪽 곱셈표에서 규칙을 찾아 빈칸에 알맞은 수를 써넣으세요. [4~5]

×	1	2	3	4
1	1	2	3	4
2	2	4	6	8	1
3	3	6	9	12
4	4	8	12	16
5	10			

4

9		
12	16	

5

8	10	
12		

곱셈표를 보고 □ 안에 알맞은 수나 말을 써넣으세요. [1~5]

×	1	2	3	4	5	6
1	①	2	3	4	5	6
2	2	④	6	8	10	12
3	3	6	⑨	12	15	18
4	4	8	12	⑯	20	24
5	5	10	15	20	㉕	30
6	6	12	18	24	30	㊱

1 → 는 □ 단 곱셈구구입니다.

2 ↓ 는 □ 단 곱셈구구입니다.

3 ○가 된 수들인 **1, 4, 9, 16, 25, 36**은 두 수의 차가 **3, 5, 7, 9, 11**로 □ 씩 커집니다.

4 ○가 된 수들은 곱셈표에서 같은 □ 수끼리의 곱입니다.

5 ○가 된 수들이 있는 부분을 접는 선으로 하여 접었을 때 만나는 수들은 서로 □ .

곱셈표를 보고 어떤 규칙이 있는지 알아보세요. [6~9]

×	1	3	5	7	9
1	1	3	5	7	9
3	3	9	15	21	27
5	5	15	25	35	㉠
7	7	21	35	49	63
9	9	27	45	63	81

6 1 위에 있는 수들은 어떤 규칙이 있나요?

( )

7 ─ 위에 있는 수들은 어떤 규칙이 있나요?

( )

8 **7**과 같은 규칙이 있는 수들을 찾아 색칠해 보세요.

9 ㉠에 들어갈 알맞은 수를 구하세요.

( )

곱셈표에서 규칙을 찾아 빈칸에 알맞은 수를 써넣으세요. [10~15]

×	0	1	2	3	4	5	6
1	0	1	2	3	4	5	6
2	0	2	4	6	8	10	12
3	0	3	6	9	12	15	18
4	0	4	8	12	16	20	24

10

2	
4	
6	9

11

9		
12	16	20
15		

12

	20	
20	25	
	30	

13

8		
10	15	20
12	18	

14

0	6	12

15

	7	
	14	
18		27

step 1 원리 꼼꼼

5. 생활에서 규칙 찾기

♣ 생활에서 규칙 찾기

7월

일	월	화	수	목	금	토
		1	2	3	4	5
6	7	8	9	10	11	12
13	14	15	16	17	18	19
20	21	22	23	24	25	26
27	28	29	30	31		

- 오른쪽으로 한 칸씩 갈 때마다 **1**씩 커집니다.
- 같은 요일은 아래로 한 칸씩 내려갈 때마다 **7**씩 커집니다.
- ＼ 위에 있는 수들은 **8**씩 커집니다.

 시계, 컴퓨터의 숫자 자판, 달력, 계산기 등 생활 속에서 다양한 수 배열의 규칙을 찾을 수 있습니다.

원리 확인 1 달력을 보고 물음에 답하세요.

11월

일	월	화	수	목	금	토
	1	2	3	4	5	6
7	8	9	10	11	12	13
14	15	16	17	18	19	20
21	22	23	24	25	26	27
28	29	30				

(1) 달력에서 토요일인 날짜를 모두 찾아 ○ 하세요.

(2) (1)의 ○ 한 날짜들은 어떤 규칙이 있나요?

➡ **6**부터 ☐씩 커지는 규칙이 있습니다.

(3) ■에 있는 날짜들은 어떤 규칙이 있나요?

➡ **1**부터 ☐씩 커지는 규칙이 있습니다.

(4) ／ 위에 있는 날짜들은 어떤 규칙이 있나요?

➡ **5**부터 ☐씩 커지는 규칙이 있습니다.

공연장의 자리를 나타낸 그림입니다. 물음에 답하세요.[1~3]

			무대			
	첫째	둘째	셋째	넷째	다섯째	······
가열	1	2	3	4	5	6
나열	11	12				
다열						
⋮						

1 상연이의 자리는 12번입니다. 어느 열 몇째 자리인가요?

( )열 ( )째

2 신영이의 자리는 다열 다섯째입니다. 신영이가 앉을 자리의 번호는 몇 번인가요?

( )번

3 ＼에 있는 의자의 번호는 어떤 규칙이 있나요?

_____

_____

3. ＼ 방향의 수들은 → 방향과 ↓ 방향으로 늘어나는 수의 합만큼 늘어납니다.

4 전자계산기의 숫자 버튼에서 찾을 수 있는 수의 규칙을 써 보세요.

_____

_____

🍃 규칙을 찾아 □ 안에 알맞은 수나 말을 써넣으세요. [1~3]

4월						
일	월	화	수	목	금	토
		1	2	3	4	⑤
6	7	8	9	10	⑪	12
13	14	15	16	⑰	18	19
20	21	22	㉓	24	25	26
27	28	㉙	30			

1 ── 위에 있는 수들은 6부터 □씩 커집니다.

2 ▨에 있는 수들은 2부터 □씩 커집니다.

3 ○가 된 수들은 5부터 □씩 커집니다.

🍃 규칙을 찾아 □ 안에 알맞은 수나 말을 써넣으세요. [4~7]

11월						
일	월	화	수	목	금	토
					1	2
3	4	5	6	7	8	9
10	11	12	13	14	15	16
17	18	19	20	21	22	23
24	25	26	27	28	29	30

4 오른쪽으로 한 칸씩 갈 때마다 □씩 커집니다.

5 아래쪽으로 한 칸씩 내려갈 때마다 □씩 커집니다.

6 ＼ 위에 있는 수들은 3부터 □씩 커집니다.

7 ▨에 있는 수들은 2부터 □씩 커집니다.

🍃 **계산기를 보고 규칙을 찾아 □ 안에 알맞은 수를 써넣으세요. [8~11]**

8 각 줄에서 오른쪽으로 □ 씩 커집니다.

9 0을 제외하고 위아래로는 □ 씩 차이가 납니다.

10 / 위에 있는 수들은 □ 씩 차이가 납니다.

11 \ 위에 있는 수들은 □ 씩 차이가 납니다.

🍃 **전화기 버튼에서 규칙을 찾아 □ 안에 알맞은 수를 써넣으세요. [12~15]**

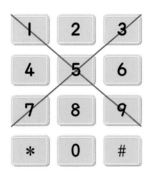

12 각 줄에서 오른쪽로 □ 씩 커집니다.

13 0을 제외하고 아래로 한 줄씩 내려갈수록 □ 씩 커집니다.

14 / 위에 있는 수들은 □ 씩 차이가 납니다.

15 \ 위에 있는 수들은 □ 씩 차이가 납니다.

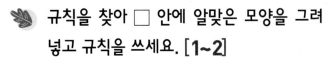
규칙을 찾아 □ 안에 알맞은 모양을 그려 넣고 규칙을 쓰세요. [1~2]

01

규칙

02

규칙

03 쌓기나무를 다음과 같은 규칙으로 쌓았습니다. 다음에 올 모양을 그려 넣으세요.

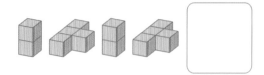

04 규칙을 찾아 □ 안에 들어갈 알맞은 모양을 그려 넣으세요.

05 규칙을 찾아 빈곳에 알맞게 색칠하세요.

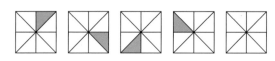

06 다음과 같은 규칙으로 5층까지 쌓으려면 필요한 쌓기나무는 모두 몇 개인가요?

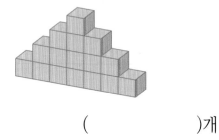

( )개

덧셈표를 보고 물음에 답하세요. [7~10]

+	0	1	2	3	4	5	6
0	0	1	2	3	4	5	6
1	1	2	3	4	5	6	
2	2	3	4	5	6		
3	3	4	5	6			
4	4	5	6				
5	5	6					
6	6						

07 규칙을 찾아 빈칸에 알맞은 수를 써넣어 덧셈표를 완성하세요.

08 아래쪽으로 한 칸씩 내려갈 때마다 어떤 규칙이 있나요?

( )

09 ▨로 색칠한 칸에 있는 수들은 어떤 규칙이 있나요?

( )

10 ▨로 색칠한 칸에 있는 수들은 어떤 규칙이 있나요?

( )

🌿 곱셈표를 보고 물음에 답하세요. [11~13]

×	6	7	8	9
6			48	
7		49 →		
8				72
9	54			

11 규칙을 찾아 빈칸에 알맞은 수를 써넣어 곱셈표를 완성하세요.

12 ▨가 칠해진 칸에 있는 수들은 어떤 규칙이 있나요?

_____

_____

13 → 위에 있는 수들은 어떤 규칙이 있나요?

_____

_____

14 계산기의 수 배열에서 ╱ 위에 있는 수들은 어떤 규칙이 있나요?

	R·CM	M−	M+	C·CE
7	8	9	+/−	√
4	5	6	×	÷
1	2	3	+	−
0	.	%		=

_____

_____

15 달력의 일부분이 찢어져 있습니다. 크리스마스는 어떤 요일인가요?

12월						
일	월	화	수	목	금	토
			1	2	3	4	5	6
7	8	9	10	11		
14	15					

( )

단원 평가

01 규칙을 찾아 □ 안에 들어갈 알맞은 모양을 그려 넣으세요.

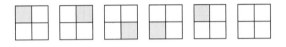

02 규칙을 찾아 빈 곳에 알맞게 색칠하세요.

03 규칙에 따라 다음과 같이 색칠할 때 □ 안에 알맞은 모양을 그려 넣으세요.

🍃 다음은 어떤 규칙에 따라 쌓기나무를 쌓은 모양입니다. 물음에 답하세요. [4~5]

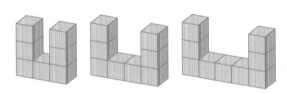

04 쌓기나무가 몇 개씩 늘어나는 규칙이 있나요?

> 규칙
> _____

05 다섯째에 쌓을 쌓기나무는 모두 몇 개인가요?

( )개

06 쌓기나무를 쌓아 다음과 같은 모양을 만들었습니다. 쌓은 모양의 규칙을 쓰세요.

_____

_____

🍃 덧셈표를 보고 물음에 답하세요. [7~9]

+	1	3	5	7
1	2	4	6	8
3	4		8	
5	6	8	10	12
7	8	10	12	

07 어떤 규칙이 있나요?

( )

08 빈칸에 알맞은 수를 써넣으세요.

09 덧셈표에서 규칙을 찾아 빈칸에 알맞은 수를 써넣으세요.

	12	14
		16

수 배열표를 보고 물음에 답하세요.

[10~11]

0	1	2	3	4	5
10	11	12	13	14	15
20	21	22	23	24	25
30	31	32	33	34	35
40	41	42	43	44	45
50	51	52	53	54	55

10 ▨은 어떤 규칙이 있나요?

(   )

11 | 위에 있는 수들은 어떤 규칙이 있나요?

(   )

곱셈표를 보고 물음에 답하세요. [12~14]

×	1	2	3	4	5
1	1	2	3	4	5
2	2	4	6	8	10
3	3	6	9	12	15
4	4	8	12	16	20
5	5	10	15	20	25

12 ▨는 어떤 규칙이 있나요?

(   )

13 ▨와 같은 규칙이 있는 수들을 더 찾아 색칠하세요.

14 ╲ 위에 있는 수들의 특징이 <u>아닌</u> 것을 찾아 기호를 쓰세요.

㉠ 두 수의 차가 **3, 5, 7, 9**로 **2**씩 커집니다.

㉡ 곱셈구구에서 같은 두 수끼리의 곱입니다.

㉢ ╲을 기준으로 마주 보는 수가 같습니다.

㉣ 일정한 수만큼 커지거나 작아지는 규칙이 있습니다.

(   )

15 달력의 일부분이 찢어져 있습니다. 넷째 목요일은 며칠인가요?

8월						
일	월	화	수	목	금	토
			1	2	3	4
5	6					

(   )일

16 어느 달의 셋째 토요일이 16일이라고 할 때 첫째 토요일은 며칠인가요?

(   )일

17 규칙에 따라 빈칸에 알맞은 수를 써넣으세요.

1	2	3	4	5	6	7
24	25	26	27	28		8
23	40	41		43	30	9
22	39	48	49	44	31	10
21		47	46		32	11
20	37		35	34	33	12
19	18	17	16	15	14	13

🍂 강당에 놓인 의자에 번호를 붙였습니다. 규칙을 찾아 물음에 답하세요. [18~20]

	5		13	17	
2	6	10			22
3	7		15		
4	8			㉠	24

18 ㉠에 알맞은 번호를 구하세요.

(   )

19 ＼ 위에 있는 수들은 어떤 규칙이 있는지 설명하세요.

_____

_____

20 ／ 위에 있는 수들은 어떤 규칙이 있는지 설명하세요.

_____

_____

개념과 원리를 다지고
계산력을 키우는

왕수학

개념+연산

정답과 풀이

2-2

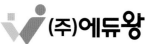

(주)에듀왕

정답과 풀이

2-2

1. 네 자리 수

step 1 원리 꼼꼼   6쪽

원리 확인 ① (1) 800   (2) 900
    (3) 1000   (4) 1000

원리 확인 ② (1) 1000   (2) 4
    (3) 4000

2 (3) 1000이 4개이므로 4000입니다.

step 2 원리 탄탄   7쪽

1 1000, 천   **2** 1000
3 200, 200
4 (1) 4000   (2) 5
    (3) 8   (4) 1000

4 (1) 1000이 4개이면 4000입니다.
    (2) 5000은 1000이 5개인 수입니다.

step 3 원리 척척   8~9쪽

1 100   **2** 300
3 200   **4** 400
5 500   **6** 10
7 1   **8** 2000, 이천
9 3000, 삼천   **10** 4000, 사천
11 5000, 오천   **12** 6000, 육천
13 7000, 칠천   **14** 8000, 팔천
15 9000, 구천

step 1 원리 꼼꼼   10쪽

원리 확인 ① 4, 4, 5, 5, 6, 6, 3, 3, 4, 5, 6, 3

step 2 원리 탄탄   11쪽

1 7635, 칠천육백삼십오
2
3 (1) 삼천육백사
    (2) 오천칠십팔
4 (1) 3097   (2) 1029
5 (1) 2, 7, 3, 9   (2) 8227

2 숫자를 먼저 읽고, 그 숫자 다음에 그 자리를 읽는
    방법으로 천, 백, 십, 일의 자리를 읽도록 합니다.
    • 5411 ➡ 오천사백십일   • 5210 ➡ 오천이백십
    • 6273 ➡ 육천이백칠십삼

4 숫자로 쓸 때, 읽지 않은 자리는 0으로 씁니다.

step 3 원리 척척   12~13쪽

1 2354   **2** 2574
3 3489   **4** 5632
5 6208   **6** 7, 9, 4, 1
7 8, 7, 2, 6   **8** 4, 3, 9, 0
9 9, 0, 5, 3   **10** 사천이백오십구
11 이천삼백칠십이   **12** 오천백구십사
13 삼천육백오십팔   **14** 사천오백십삼
15 오천이백이십칠   **16** 육천삼십오
17 2735   **18** 1984
19 4291   **20** 3617
21 5856   **22** 1422

step 1 원리 꼼꼼   14쪽

원리 확인 ① (1) 3000   (2) 800
    (3) 70   (4) 6

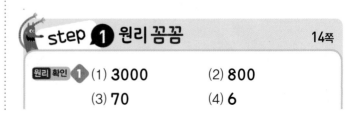

원리확인 2 (1) 천, **7000**　　　(2) 백, **600**
　　　　　(3) 십, **20**　　　　(4) 일, **3**

7 2475　　　　　　**8** 5928
9 8047　　　　　　**10** 6590

step 2 원리탄탄　　　　　　　15쪽

1 (1) **2000**　　　　(2) **500**
　　(3) **40**　　　　 (4) **9**
2 3, 3000, 9, 900, 8, 80, 1, 1
3 9542
4 (1) **6000**　　　 (2) **6**
　　(3) **600**　　　 (4) **60**
5 2711

2　3 9 8 1
　　　→ 천의 자리 (**3000**)
　　　→ 백의 자리 (**900**)
　　　→ 십의 자리 (**80**)
　　　→ 일의 자리 (**1**)

4　6288
　　　→ 천의 자리 (**6000**)
　　2306
　　　→ 일의 자리 (**6**)
　　7605
　　　→ 백의 자리 (**600**)
　　1265
　　　→ 십의 자리 (**60**)

step 3 원리척척　　　　　16~17쪽

1 2000, 500, 80, 3
2 2000, 600, 30, 7
3 5000, 100, 70, 6
4 8000, 900, 40, 5
5 2, 4, 20, 4
6 3, 8, 7, 2, 3000, 800, 70, 2

step 1 원리꼼꼼　　　　　　　18쪽

원리확인 1 (1) **6000, 7000, 8000, 9000**
　　　　(2) **9600, 9700, 9800, 9900**
　　　　(3) **9960, 9970, 9980, 9990**
　　　　(4) **9996, 9997, 9998, 9999**

1 (1) 천의 자리 숫자가 1씩 커집니다.
　　(2) 천의 자리 숫자는 변화가 없고 백의 자리 숫자가
　　　 1씩 커집니다.
　　(3) 천의 자리, 백의 자리 숫자는 변화가 없고 십의
　　　 자리 숫자가 1씩 커집니다.
　　(4) 천의 자리, 백의 자리, 십의 자리 숫자는 변화가
　　　 없고 일의 자리 숫자가 1씩 커집니다.

step 2 원리탄탄　　　　　　　19쪽

1 (1) **5060, 6060, 7060**
　　(2) **3542, 4542, 5542**
2 (1) **8320, 8420, 8520**
　　(2) **3124, 3224, 3324**
3 (1) **6263, 6273, 6283**
　　(2) **1752, 1762, 1772**
4 (1) **8713, 8714, 8715**
　　(2) **6103, 6104, 6105**
5 ④

1 1000씩 뛰어 세면 천의 자리 숫자가 1씩 커집
　　니다.
　　(1) **3060－4060－5060－6060－7060**
　　(2) **2542－3542－4542－5542－6542**

2 100씩 뛰어 세면 백의 자리 숫자가 1씩 커집니다.
(1) 8120 − 8220 − 8320 − 8420 − 8520
(2) 3024 − 3124 − 3224 − 3324 − 3424

3 10씩 뛰어 세면 십의 자리 숫자가 1씩 커집니다.
(1) 6243 − 6253 − 6263 − 6273 − 6283
(2) 1742 − 1752 − 1762 − 1772 − 1782

4 1씩 뛰어 세면 일의 자리 숫자가 1씩 커집니다.
(1) 8711 − 8712 − 8713 − 8714 − 8715
(2) 6102 − 6103 − 6104 − 6105 − 6106

5 ④ 10씩 뛰어 세었습니다.

step **1** 원리꼼꼼 22쪽

원리 확인 1 (1) 5 (2) 4
(3) 5300 (4) >
원리 확인 2 (1) 2, 4 (2) 2, 5
(3) 2500 (4) <

step **3** 원리척척 20~21쪽

1 6420, 7420, 8420
2 4139, 5139, 6139
3 4647, 6647, 7647
4 6015, 8015, 9015
5 1600, 1700, 1800
6 4016, 4116, 4216
7 2550, 2750, 2850
8 4872, 5072, 5172
9 1431, 1441, 1451
10 2210, 2220, 2230
11 3532, 3552, 3562
12 4973, 4993, 5003
13 2434, 2435, 2436
14 4155, 4156, 4157
15 3825, 3827, 3828
16 5349, 5351, 5352

step **2** 원리탄탄 23쪽

1 < 2 <
3 (1) 7807 > 7805 (2) 4028 < 4226
4 (1) 8100은 6700보다 큽니다.
(2) 5321은 5327보다 작습니다.
5 (1) < (2) <
(3) > (4) >

1 3600은 천 모형이 3개이고, 4200은 천 모형이 4개이므로 천 모형의 개수가 더 적은 3600이 4200보다 작습니다.

2 수직선에서는 왼쪽의 수가 오른쪽의 수보다 작습니다. 6600은 6900보다 왼쪽에 있는 수이므로 6600은 6900보다 작습니다.

5 (1) 4563 < 9288
천의 자리 숫자 비교 (4 < 9)

(2) 4125 < 4272
　　백의 자리 숫자 비교 (1 < 2)
(3) 2726 > 2701
　　십의 자리 숫자 비교 (2 > 0)
(4) 6275 > 6271
　　일의 자리 숫자 비교 (5 > 1)

step ③ 원리척척　　　　24~25쪽

1 <, >	2 <, >
3 <, >	4 5350 > 1798
5 2744 < 3520	6 3678 > 3447
7 4099 < 4100	8 <
9 >	10 <
11 >	12 <
13 <	14 >
15 <	16 4, 5
17 8, 9	18 4, 5
19 7, 8, 9	20 7, 8, 9
21 5, 6	

step ④ 유형콕콕　　　　26~27쪽

01 1000, 천	02 1000, 1000
03 4000	
04 (1) 3000, 삼천	(2) 8000, 팔천
05 3429	06
07 5416	
08 5731	
09 3419, 3519	10 3365, 5365
11 8251, 8261	12 6820원
13 <	14 <
15 한라산	16 8340, 9340

03　1000이 4개이면 4000입니다.

04　(1) 1000이 3개이면 3000이라 쓰고 삼천이라고 읽습니다.

07　천의 자리 숫자가 5, 백의 자리 숫자가 4, 십의 자리 숫자가 1, 일의 자리 숫자가 6이면 5416입니다.

08　3이 십의 자리 숫자이면 30을 나타냅니다.
　　• 3752 ➡ 3000　　• 5731 ➡ 30
　　• 1362 ➡ 300　　• 5763 ➡ 3

09　100씩 뛰어 세면 백의 자리 숫자가 1씩 커집니다.

10　1000씩 뛰어 세면 천의 자리 숫자가 1씩 커집니다.

11　8231에서 8241로 십의 자리 숫자가 1 커졌으므로 10씩 뛰어 센 것입니다.

12　2820부터 1000씩 뛰어 세어 봅니다.
　　2820 – 3820 – 4820 – 5820 – 6820

13　수직선에서 4825는 4828보다 왼쪽에 있는 수이므로 4825는 4828보다 작습니다.

15　1915 < 1950
　　　　　1 < 5
　　➡ 한라산이 지리산보다 더 높습니다.

16　백의 자리 숫자가 3, 십의 자리 숫자가 4, 일의 자리 숫자가 0인 네 자리 수는 □340입니다.
　　그중에서 7340보다 큰 수는 8340, 9340입니다.

🐾 단원평가

01 1000, 1000   **02** 3000, 삼천

03 9172, 구천백칠십이   **04** 2, 1, 6, 9

05 (1) 사천육백이십팔   (2) 육천구백칠십오

06 (1) 5081   (2) 8934

07 (1) 7000   (2) 300

     (3) 90   (4) 6

08 4342   **09** 6292

10 4984, 5984   **11** 4508, 4608

12 7195, 7205   **13** 9540, 9541

14 (1) <   (2) >

15 (1) 4579 > 2677   (2) 5841 < 6429

16 (1) 4056은 5000보다 작습니다.

     (2) 7158은 7152보다 큽니다.

17 (1) <   (2) <

     (3) >   (4) >

18 5698, 5699, 5700, 5701

19 (1) 6, 7   (2) 3, 4

20 7431

---

14 수직선에서는 오른쪽에 있는 수가 더 큰 수입니다.

15 (1) ■는 ▲보다 큽니다.

     ➡ ■ > ▲

   (2) ▲는 ■보다 작습니다.

     ➡ ▲ < ■

20 천의 자리, 백의 자리, 십의 자리, 일의 자리 순서로 큰 수를 써줍니다.

05 숫자를 먼저 읽고, 그다음에 그 자리를 읽는 방법으로 천, 백, 십, 일의 자리를 읽습니다.

06 숫자로 쓸 때, 읽지 않은 자리는 0으로 씁니다.

09 · 5914   → 900   · 7119   → 9

    · 6292   → 90   · 9543   → 9000

10 천의 자리 숫자가 1씩 커지고 있으므로 1000씩 뛰어 세기를 합니다.

11 백의 자리 숫자가 1씩 커지고 있으므로 100씩 뛰어 세기를 합니다.

12 십의 자리 숫자가 1씩 커지고 있으므로 10씩 뛰어 세기를 합니다.

13 일의 자리 숫자가 1씩 커지고 있으므로 1씩 뛰어 세기를 합니다.

2. 곱셈구구

원리 확인 1 (1) 4   (2) 10
원리 확인 2 (1) 15   (2) 20

1 과자가 $2 \times 1 = 2$(개), $2 \times 2 = 4$(개),
$2 \times 3 = 6$(개), $2 \times 4 = 8$(개), $2 \times 5 = 10$(개)
있습니다.

2 구슬이 $5 \times 1 = 5$(개), $5 \times 2 = 10$(개),
$5 \times 3 = 15$(개), $5 \times 4 = 20$(개) 있습니다.

1 5, 25
2 (1) 6, 12   (2) 6, 30
3 (1) 6   (2) 8
    (3) 16   (4) 14
4 (1) 10   (2) 35
    (3) 40   (4) 45

1 딸기가 5개씩 5묶음이므로 5단 곱셈구구를 외워
봅니다.
➡ $5 \times 5 = 25$

2 (1) 2씩 6번 뛰어 세어 12가 되었으므로
     $2 \times 6 = 12$입니다.
(2) 5씩 6번 뛰어 세어 30이 되었으므로
     $5 \times 6 = 30$입니다.

1 2, 2, 2, 2, 2, 2, 2, 2, 2
2 3, 6   **3** 4, 8
4 7, 14   **5** 4

6 10   **7** 2
8 16   **9** 12
10 18
11 5, 5, 5, 5, 5, 5, 5, 5, 5
12 2, 10   **13** 4, 20
14 5, 25   **15** 10
16 5   **17** 35
18 30   **19** 40
20 45

원리 확인 1 (1) 3   (2) 9
원리 확인 2 (1) 12   (2) 24

1 바퀴 수가 $3 \times 1 = 3$(개), $3 \times 2 = 6$(개),
$3 \times 3 = 9$(개)입니다.

2 귤이 $6 \times 1 = 6$(개), $6 \times 2 = 12$(개),
$6 \times 3 = 18$(개), $6 \times 4 = 24$(개) 있습니다.

1 6, 36
2 (1) 4, 12   (2) 5, 30
3 (1) 21   (2) 18
    (3) 15   (4) 24
4 (1) 18   (2) 48
    (3) 42   (4) 54

1 💜가 6개씩 6묶음이므로 6단 곱셈구구를 외워
봅니다.
➡ $6 \times 6 = 36$

2 (1) **3**씩 **4**번 뛰어 세어 **12**가 되었으므로
 3×**4**=**12**입니다.
 (2) **6**씩 **5**번 뛰어 세어 **30**이 되었으므로
 6×**5**=**30**입니다.

2 (1) 5, 20 (2) 4, 32
3 (1) 28 (2) 12
 (3) 36 (4) 32
4 (1) 40 (2) 64
 (3) 56 (4) 72

1 💜 가 **4**개씩 **6**묶음이므로 **4**단 곱셈구구를 외워
 봅니다.
 ➡ **4**×**6**=**24**

2 (1) **4**씩 **5**번 뛰어 세어 **20**이 되었으므로
 4×**5**=**20**입니다.
 (2) **8**씩 **4**번 뛰어 세어 **32**가 되었으므로
 8×**4**=**32**입니다.

step ❸ 원리척척 38~39쪽

1 3, 3, 3, 3, 3, 3, 3, 3, 3
2 3, 9   **3** 5, 15
4 6, 18   **5** 6
6 3   **7** 12
8 27   **9** 24
10 21
11 6, 6, 6, 6, 6, 6, 6, 6, 6
12 2, 12   **13** 4, 24
14 5, 30   **15** 18
16 6   **17** 54
18 42   **19** 36
20 48

step ❶ 원리꼼꼼 40쪽

원리확인 ❶ (1) 4   (2) 16
원리확인 ❷ (1) 8   (2) 24

1 클로버 잎이 **4**×**1**=**4**(장), **4**×**2**=**8**(장),
 4×**3**=**12**(장), **4**×**4**=**16**(장)입니다.

2 다리가 **8**×**1**=**8**(개), **8**×**2**=**16**(개),
 8×**3**=**24**(개)입니다.

step ❸ 원리척척 42~43쪽

1 4, 4, 4, 4, 4, 4, 4, 4, 4
2 2, 8   **3** 4, 16
4 8, 32   **5** 4
6 20   **7** 12
8 36   **9** 24
10 28
11 8, 8, 8, 8, 8, 8, 8, 8, 8
12 2, 16   **13** 3, 24
14 6, 48   **15** 32
16 8   **17** 64
18 40   **19** 56
20 72

step ❷ 원리탄탄 41쪽

1 6, 24

step ❶ 원리꼼꼼 44쪽

원리확인 ❶ (1) 7   (2) 21
원리확인 ❷ (1) 9   (2) 45

1 7×1=7(일), 7×2=14(일), 7×3=21(일)
입니다.

2 구슬이 9×1=9(개), 9×2=18(개),
9×3=27(개), 9×4=36(개), 9×5=45(개)
있습니다.

16 9   17 45
18 54   19 72
20 63

---

step 2 원리탄탄   45쪽

1 5, 35
2 (1) 4, 28   (2) 5, 45
3 (1) 49   (2) 56
    (3) 42   (4) 63
4 (1) 27   (2) 63
    (3) 72   (4) 81

1 사탕이 7개씩 5묶음이므로 7단 곱셈구구를 외워
봅니다. ➡ 7×5=35

2 (1) 7씩 4번 뛰어 세어 28이 되었으므로
    7×4=28입니다.
    (2) 9씩 5번 뛰어 세어 45가 되었으므로
    9×5=45입니다.

---

step 1 원리꼼꼼   48쪽

원리확인 **1** (1) 1   (2) 5
원리확인 **2** 0, 0, 0, 0

1 꽃이 1×1=1(송이), 1×2=2(송이),
1×3=3(송이), 1×4=4(송이), 1×5=5(송이)
꽂혀 있습니다.

2 0×2=0(점), 3×0=0(점)

---

step 2 원리탄탄   49쪽

1 (1) 6, 6   (2) 5, 0
2 (1) 3   (2) 0
3 (1) 9, 7, 8   (2) 0, 0, 0
4 5

4 (예슬이가 먹은 사과의 수)=1×5=5(개)

---

step 3 원리척척   46~47쪽

1 7, 7, 7, 7, 7, 7, 7, 7, 7
2 3, 21   **3** 4, 28
4 9, 63   **5** 14
6 42   **7** 7
8 49   **9** 35
10 56
11 9, 9, 9, 9, 9, 9, 9, 9, 9
12 2, 18   **13** 4, 36
14 9, 81   **15** 27

---

step 3 원리척척   50~51쪽

1 3   **2** 5
3 4   **4** 1
5 6   **6** 8
7 7   **8** 9
9 4   **10** 2
11 5   **12** 6
13 0   **14** 0

15	0	16	0
17	0	18	0
19	0	20	0
21	0	22	0
23	0	24	0

step ① 원리꼼꼼 52쪽

원리 확인 ❶ (1)

×	1	2	3	4	5	6	7	8	9
1	1	2	3	4	5	6	7	8	9
2	2	4	6	8	10	12	14	16	18
3	3	6	9	12	15	18	21	24	27
4	4	8	12	16	20	24	28	32	36
5	5	10	15	20	25	30	35	40	45
6	6	12	18	24	30	36	42	48	54
7	7	14	21	28	35	42	49	56	63
8	8	16	24	32	40	48	56	64	72
9	9	18	27	36	45	54	63	72	81

(2) 2 (3) 3
(4) 5 (5) 8

step ② 원리탄탄 53쪽

1

×	1	2	3	4	5	6	7	8	9
1	1	2	3	④	5	6	7	8	9
2	2	4	6	8	10	12	14	16	18
3	3	6	9	12	15	⑱	21	24	27
4	4	8	12	16	20	24	28	32	36
5	5	10	15	20	25	30	35	40	45
6	6	12	18	24	30	36	42	48	㊴
7	7	14	21	28	35	42	49	56	63
8	8	16	24	32	40	48	56	64	72
9	9	18	27	36	45	54	63	72	81

2 8씩 커지거나 작아지는 규칙이 있습니다.
3 4, 18, 54   4 2, 14, 2, 14

step ③ 원리척척 54~55쪽

1

×	1	2	3	4	5	6	7	8	9
1	1	2	3	4	5	6	7	8	9
2	2	4	6	8	10	12	14	16	18
3	3	6	9	12	15	18	21	24	27

2

×	1	2	3	4	5	6	7	8	9
4	4	8	12	16	20	24	28	32	36
5	5	10	15	20	25	30	35	40	45
6	6	12	18	24	30	36	42	48	54

3

×	1	2	3	4	5	6	7	8	9
7	7	14	21	28	35	42	49	56	63
8	8	16	24	32	40	48	56	64	72
9	9	18	27	36	45	54	63	72	81

4

×	1	2	3	4	5	6	7	8	9
3	3	6	9	12	15	18	21	24	27
6	6	12	18	24	30	36	42	48	54
9	9	18	27	36	45	54	63	72	81

5 2, 8, 2, 8   6 2, 10, 2, 10
7 3, 18, 3, 18   8 4, 28, 4, 28
9 3   10 2
11 7   12 8
13 6   14 4

step ① 원리꼼꼼 56쪽

원리 확인 ❶ 방법1 4, 4, 28
　　　　　　　 방법2 7, 7, 28
원리 확인 ❷ 방법1 4, 4, 4, 4, 36
　　　　　　　 방법2 3, 3, 3, 3, 36

step ❷ 원리탄탄　　57쪽

1 방법1 3, 2, 3, 2, 23
　방법2 5, 4, 5, 4, 23
2 방법1 2, 2, 2, 2, 26
　방법2 3, 5, 3, 5, 26
　방법3 4, 2, 4, 2, 26

step ❸ 원리척척　　58~59쪽

1 6, 48, 8, 48　　2 3, 27, 9, 27
3 3, 24, 8, 24　　4 8, 56, 7, 56
5 5, 40, 8, 40　　6 4, 36, 9, 36
7 방법1 2, 5, 2, 5, 31　방법2 2, 3, 2, 3, 31
　방법3 7, 2, 7, 2, 31
8 방법1 4, 3, 1, 4, 3, 1, 47
　방법2 8, 4, 1, 8, 4, 1, 47
　방법3 8, 3, 8, 3, 47

step ❹ 유형콕콕　　60~61쪽

01 4, 12　　　　02 5, 20
03 9, 15, 18, 21　04 30
05 5, 30　　　　06 4, 32
07　　　　　　　08 21

18　　27
2　3
9
4　8
36　　72

09 4, 4
10 3, 0
11 5, 0
12 6

13 4씩 커지거나 작아지는 규칙이 있습니다.
14 7씩 커지거나 작아지는 규칙이 있습니다.

15

×	1	2	3	4	5	6	7	8	9
1	1	2	3	4	5	6	7	8	9
2	2	4	6	8	10	12	14	16	18
3	3	6	9	12	15	18	21	24	27
4	4	8	12	16	20	24	28	32	36
5	5	10	15	20	25	30	35	40	45
6	6	12	18	24	30	36	42	48	54
7	7	14	21	28	35	42	49	56	63
8	8	16	24	32	40	48	56	64	72
9	9	18	27	36	45	54	63	72	81

단원평가　　62~64쪽

01 6, 18　　　　02 8, 32
03 6, 48
04 (1) 14　　　(2) 40
　(3) 24　　　(4) 27
05 6, 10, 16　　06 48, 56, 64, 72
07 72, 28, 56, 36　08 ⤬
09 (1) <
　(2) >
10 ㉣
11 (1) 2　　　　(2) 0
　(3) 9　　　　(4) 0
12 7, 21
13

2　　　5
2　5
6　6　1　9　9
3
3

14

×	1	2	3	4	5
2	2	4	6	8	10
3	3	6	9	12	15
4	4	8	12	16	20

15 예 30부터 5씩 커지는 규칙이 있습니다.

16 ㉜ 21부터 7씩 커지는 규칙이 있습니다.

17 ㉜ 27부터 9씩 커지는 규칙이 있습니다.

18 (1) 2   (2) 4

    (3) 7   (4) 3

19 5, 18, 2, 18

20 41

---

01 3씩 6묶음이므로 3×6=18입니다.

07 8×9=72, 7×4=28, 8×7=56,
    9×4=36

08 2×8=16, 4×9=36, 8×3=24,
    6×6=36, 6×4=24, 4×4=16

09 (1) 7×9=63, 8×8=64
    (2) 6×8=48, 9×5=45

10 ㉠ 42   ㉡ 40   ㉢ 54   ㉣ 63

12 7×1=7, 7×3=21

13 1과 어떤 수의 곱은 항상 어떤 수입니다.

20 9×4+5=41(살)

3. 길이 재기

원리 확인 ① (1) 50, 50   (2) 100, 1, 1
           (3) 미터, 센티미터

1 (1) 5   (2) 300
   (3) 7   (4) 800
2 (1) 300, 3, 3   (2) 5, 500, 537
   (3) 4, 36   (4) 845
3   **4** (1) cm
                     (2) m

1 2		**2** 3	
3 4		**4** 5	
5 700		**6** 600	
7 800		**8** 900	
9 1, 30		**10** 1, 80	
11 2, 55		**12** 3, 49	
13 2, 7		**14** 3, 6	
15 4, 5		**16** 9, 8	
17 110		**18** 150	
19 570		**20** 890	
21 254		**22** 381	
23 812		**24** 747	
25 >		**26** >	
27 <		**28** <	
29 <		**30** >	
31 <		**32** >	

원리 확인 ① (1) 70   (2) 3
          (3) 3, 70   (4) 3, 70
원리 확인 ② 50, 5, 50

1 7, 59, 7, 59
2 (1) 8, 56   (2) 9, 58
3 76, 3, 8, 86, 8, 86
4 2, 85

4   (가로 길이)＋(세로 길이)
     ＝1 m 65 cm＋1 m 20 cm
     ＝2 m 85 cm

1 3, 80		**2** 9, 70	
3 6, 80		**4** 4, 47	
5 7, 17		**6** 5, 85	
7 7, 69		**8** 6, 58	
9 8, 62		**10** 8, 83	
11 3, 80		**12** 6, 90	
13 6, 70		**14** 5, 77	
15 8, 69		**16** 7, 58	
17 7, 99		**18** 8, 98	
19 9, 89		**20** 7, 80	

원리 확인 **1** (1) 10　　　　(2) 2
　　　　　　(3) 2, 10　　　(4) 2, 10
원리 확인 **2** 60, 3, 60

step **2** 원리탄탄　　　　75쪽

1 4, 32, 4, 32
2 (1) 5, 41　　　　(2) 3, 35
3 25, 1, 1, 15, 1, 15, 1, 15
4 2, 35

4 (처음에 웅이가 갖고 있던 테이프의 길이)
　　ー(사용한 테이프의 길이)
　　$=4$ m 75 cm-2 m 40 cm
　　$=2$ m 35 cm

step **3** 원리척척　　　　76~77쪽

1 3, 30	**2** 1, 20
3 2, 10	**4** 4, 12
5 5, 25	**6** 2, 23
7 7, 41	**8** 4, 52
9 5, 47	**10** 4, 27
11 1, 20	**12** 3, 40
13 3, 20	**14** 3, 50
15 4, 41	**16** 1, 24
17 2, 42	**18** 4, 14
19 3, 42	**20** 6, 44

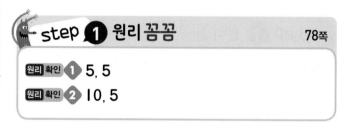
원리 확인 **1** 5, 5
원리 확인 **2** 10, 5

step **2** 원리탄탄　　　　79쪽

1 ㉠, ㉢
2 (1) cm　　　　(2) m
　　(3) m　　　　(4) cm
3 건물의 높이(○)　　**4** 10

step **3** 원리척척　　　　80~81쪽

1 발걸음, 뼘, 엄지손가락

2 2	**3** 9
4 3	**5** 1
6 5, 1	**7** 10, 3
8 8, 4	

step **4** 유형콕콕　　　　82~83쪽

01 (1) 4	(2) 600
02 80, 5, 80, 5, 80	**03** 36, 400, 36, 436
04 (1) >	(2) =
05 7, 85	
06 (1) 9, 58	(2) 7, 76
07 6, 86	**08** 58, 80
09 5, 31	
10 (1) 2, 62	(2) 4, 42
11 5, 35	**12** 동민, 22

13 (1) **10 m**   (2) **2 m**
    (3) **25 cm**

14 ㉢

15 (1) **cm**   (2) **m**

16 ㉡, ㉢

12 136 cm＝100 cm＋36 cm
         ＝1 m＋36 cm
         ＝1 m 36 cm
  ➡ 1 m 58 cm－1 m 36 cm＝22 cm

14 긴 단위로 잴수록 잰 횟수가 적습니다.

🐺 단원 평가   84~86쪽

01 5미터 82센티미터
02 (1) **9**   (2) **700**
    (3) **2, 57**   (4) **812**
03 (1) **＞**   (2) **＜**
04 ㉣   **05** **9, 93**
06 **2, 64**   **07** **8, 95**
08 **4, 79**   **09** **3, 22**
10 **4, 13**   **11** **5, 15**
12 **1**   **13** **7, 98, 3, 52**
14 ㉠   **15** **48, 90**
16 **7, 27**   **17** **217**
18 **655**   **19** **8, 25**
20 **1, 35**

02 (3) 257 cm＝200 cm＋57 cm
            ＝2 m＋57 cm＝2 m 57 cm
  (4) 8 m 12 cm＝8 m＋12 cm
            ＝800 cm＋12 cm＝812 cm

04 ㉠ 300 cm   ㉢ 296 cm   ㉣ 309 cm

05 4 m 22 cm＋5 m 71 cm＝9 m 93 cm

06 5 m 85 cm－3 m 21 cm＝2 m 64 cm

---

11 (㉡에서 ㉢까지의 거리)
  ＝(㉠에서 ㉢까지의 거리)－(㉠에서 ㉡까지의 거리)
  ＝7 m 45 cm－2 m 30 cm
  ＝5 m 15 cm

12 동민이의 한 뼘은 10 cm이고, 책상의 긴 쪽의 길이
는 10cm를 10번 이은 길이와 같으므로 100 cm
입니다.
따라서 책상의 가로의 길이는 약 1 m입니다.

13 합 : 5 m 75 cm＋2 m 23 cm＝7 m 98 cm
   차 : 5 m 75 cm－2 m 23 cm＝3 m 52 cm

14 ㉠ 5 m 77 cm   ㉡ 5 m 35 cm

15 36 m 50 cm＋12 m 40 cm＝48 m 90 cm

16 (남은 리본의 길이)
  ＝(처음 리본의 길이)
     －(포장하는 데 사용한 리본의 길이)
  ＝9 m 43 cm－2 m 16 cm
  ＝7 m 27 cm

17 ☐ cm＝7 m 40 cm－5 m 23 cm
        ＝2 m 17 cm＝217 cm

18 ☐ cm＝9 m 75 cm－3 m 20 cm
        ＝6 m 55 cm＝655 cm

19 (화단의 세로 길이)
  ＝(화단의 가로 길이)－39 cm
  ＝8 m 64 cm－39 cm
  ＝8 m 25 cm

20 (영수의 키)
  ＝(바닥에서부터 머리 끝까지 잰 길이)
     －(의자의 높이)
  ＝1 m 55 cm－20 cm
  ＝1 m 35 cm

4. 시각과 시간

원리확인 ① (1) 2 　　　　　　(2) 8, 9
　　　　　(3) 8, 10

원리확인 ②

(1) 1, 2 　　(2) 5

원리확인 ③ (1) 15 　　　　　(2) 45

1 (3) 긴바늘이 숫자 **2**, 짧은바늘이 숫자 **8**과 **9** 사이에 있으므로 시계가 나타내는 시각은 **8**시 **10**분입니다.

2 짧은바늘이 숫자 **1**과 **2** 사이, 긴바늘이 숫자 **5**를 가리키도록 그립니다.

1 10, 25, 40, 50, 55
2 (1) 9 　　　　　　(2) 7, 8
　　 (3) 7, 45
3 (1) 5, 5 　　　　　(2) 10, 15
4

2 (3) 긴바늘이 숫자 **9**, 짧은바늘이 숫자 **7**과 **8** 사이에 있으므로 시계가 나타내는 시각은 **7**시 **45**분입니다.

3 (1) 긴바늘이 숫자 **1**, 짧은바늘이 숫자 **5**와 **6** 사이를 가리키므로 시계가 나타내는 시각은 **5**시 **5**분입니다.
　　(2) 긴바늘이 숫자 **3**, 짧은바늘이 숫자 **10**과 **11** 사이를 가리키므로 시계가 나타내는 시각은 **10**시 **15**분입니다.

4 긴바늘이 숫자 **11**을 가리키도록 그립니다.

1 5, 10, 15, 1, 15 　　**2** 1, 40
3 2, 30 　　　　　　　**4** 5, 25
5 3, 35 　　　　　　　**6** 4, 45
7 9, 15 　　　　　　　**8** 10
9 15 　　　　　　　　**10** 25
11 30 　　　　　　　　**12** 35
13 40 　　　　　　　　**14** 45
15 50 　　　　　　　　**16** 55

원리확인 ① (1) 시, 분 　　(2) 12, 21
원리확인 ② (1) 10, 11 　　(2) 4
　　　　　 (3) 10, 19
원리확인 ③ (1) 8, 9 　　　(2) 2
　　　　　 (3)

1 (3) 디지털시계의 시각을 읽을 때에는 : 앞의 수가 '시'이고, : 뒤의 수가 '분'입니다.

2 (3) 시계의 긴바늘이 숫자 **3**에서 작은 눈금 **4**칸을 더 갔으므로 **19**분입니다.

3 짧은바늘은 숫자 **8**과 **9**사이, 긴바늘은 숫자 **10**에서 작은 눈금 **2**칸 더 간 곳을 가리키도록 그립니다.

1 9, 13
2 (1) 2, 3 　　　　　(2) 4
　　 (3) 2, 59

3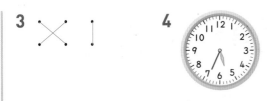

4

1 앞부분의 수는 **9**이고 뒷부분의 수는 **13**입니다.

2 (3) 시계의 긴바늘이 숫자 **11**에서 작은 눈금 **4**칸을 더 갔으므로 **59**분입니다.

1 **1, 5, 14**   2 **2, 18**
3 **8, 2**   4 **7, 43**
5 **9, 12**   6 **2, 37**
7 **1, 54**   8

9

4, 5, 9, 2

10   11

12   13

14

원리 확인 **1** (1) **9, 50**   (2) **10**
(3) **10, 10**   (4) **10**

원리 확인 **2** (1) **4, 55**   (2) **5**
(3) **5, 5**   (4) **5**

1 (1) 시계에서 앞부분의 수는 **9**이고 뒷부분의 수는 **50**이므로 시계가 나타내는 시각은 **9**시 **50**분입니다.

2 (1) 시계의 긴바늘이 숫자 **11**을 가리키고, 짧은바늘이 숫자 **4**와 **5** 사이를 가리키므로 시계가 나타내는 시각은 **4**시 **55**분입니다.

1 (1) **10**   (2) **2, 10**
2 **5**
3 (1) **5, 58**   (2) **2**
(3) **6, 2**
4 (1) **6, 45**   (2) **15**
(3) **7, 15**

2 **11**시 **55**분에서 **12**시가 되려면 **5**분이 더 지나야 합니다.

3 (2) **5**시 **58**분에서 **6**시가 되려면 **2**분이 더 지나야 합니다.

4 (2) **6**시 **45**분에서 **7**시가 되려면 **15**분이 더 지나야 합니다.

1 **3, 50, 10, 4, 10**   2 **2, 55, 3, 5**
3 **6, 50, 7, 10**   4 **4, 45, 5, 15**
5 **3, 55, 4, 5**   6 **7, 50, 8, 10**
7 **10, 45, 11, 15**   8 **11, 40, 12, 20**
9 **12, 55, 1, 5**   10 **10**
11 **5**   12 **15**
13 **1, 50**   14 **3, 55**
15 **9, 35**

원리 확인 ① (1) **4, 5, 20**　(2) 풀이 참조, **1, 20, 80**

1 (3) 4시 10분 20분 30분 40분 50분 5시 10분 20분 30분 40분 50분 6시

---

step ② 원리탄탄　　101쪽

1 (1) **1, 20**　　　(2) **3, 30**
　(3) **2, 10**　　　(4) **130**
2 (1) **60**　　　(2) **140**
　(3) **3**
3 **5**

2 (2) 2시간 20분＝2시간＋20분
　　　　　　＝60분＋60분＋20분
　　　　　　＝140분
　(3) 180분＝60분＋60분＋60분
　　　　＝1시간＋1시간＋1시간
　　　　＝3시간

---

step ③ 원리척척　　102~103쪽

1 1, 60, 60　　　**2** 1
3 2　　　　　**4** 30
5 1, 30　　　　**6** 1, 20
7 2, 40　　　　**8** 30, 60, 30, 90
9 10, 180, 10, 190　　**10** 70
11 105　　　　**12** 140
13 180　　　　**14** 60, 1, 5, 1, 5
15 120, 2, 20, 2, 20　　**16** 1, 20
17 1, 35　　　**18** 1, 40
19 1, 50

---

step ① 원리꼼꼼　　104쪽

원리 확인 ① (1) **오전**　　(2) **오후**
　　　　　(3) **9**　　　(4) **오후, 3**
　　　　　(5) **6**

---

step ② 원리탄탄　　105쪽

1 (1) **24**　　　(2) **6**
2 (1) **8**　　　(2) **10**
　(3) 풀이 참조　　(4) **10**
3 **오전, 오후**

1 (1), (2) 시계의 짧은바늘은 오전에 1바퀴, 오후에 1바퀴를 돌기 때문에 하루 동안 모두 2바퀴를 돕니다.

2 (3) 12 1 2 3 4 5 6 7 8 9 10 11 12(시)
　　1 2 3 4 5 6 7 8 9 10 11 12(시)

　(4) ・10시~12시 : 2시간
　　・12시~8시 : 8시간
　　➡ (잠을 잔 시간)＝2시간＋8시간＝10시간

---

step ③ 원리척척　　106~107쪽

1 1, 60, 60, 오후, 24　　**2** 오전
3 오후　　　　**4** 24
5 3　　　　　**6** 5
7 9　　　　　**8** 7, 30
9 24　　　　**10** 2
11 29　　　　**12** 49
13 1, 6　　　　**14** 31
15 1, 1　　　　**16** 1, 12
17 74　　　　**18** 35
19 2, 2　　　　**20** 2, 12
21 96　　　　**22** 1, 8

step 1 원리 꼼꼼

원리 확인 **1** (1) 수   (2) 수
       (3) 1, 8, 15, 22, 29

원리 확인 **2** 4, 6, 9, 11

1 (1) 혜서의 생일은 **10**일이므로 수요일입니다.
   (2) **7**일마다 같은 요일이 반복되므로 혜서의 생일부터
      7일 후는 혜서의 생일과 같은 요일입니다.

step 2 원리 탄탄

1 (1) 7   (2) 12
2 (1) 토   (2) 3, 10, 17, 24
   (3) 8, 18
3 31   **4** 19

2 달력은 **7**일마다 같은 요일이 반복됩니다.

3 **10**월의 날수는 **31**일이므로 상진이는 **31**일 동안
   운동을 하였습니다.

4 **1**년은 **12**개월이므로 **1**년 **7**개월은 다음과 같습니다.
   1년 **7**개월＝**1**년＋**7**개월
               ＝**12**개월＋**7**개월
               ＝**19**개월

step 3 원리 척척

1 월요일, 수요일, 토요일, 7, 7
2 8, 15, 22, 29   3 일
4 7   5 7
6 20   7 월
8 화   9 14
10 25   11 3, 1
12 2, 4   13 3, 6
14 10   15 14

16 27   17 2, 1
18 1, 4
19

			9월			
일	월	화	수	목	금	토
		1	2	3	4	5
6	7	8	9	10	11	12
13	14	15	16	17	18	19
20	21	22	23	24	25	26
27	28	29	30			

20

			12월			
일	월	화	수	목	금	토
	1	2	3	4	5	6
7	8	9	10	11	12	13
14	15	16	17	18	19	20
21	22	23	24	25	26	27
28	29	30	31			

step 4 유형 콕콕

01 7, 10   **02** 7
03 (1) 5, 34   (2) 10, 23
04

05 25
06 (1) 170 (2) 3, 10
07 5, 40

08 6, 54   **09** 32
10 오후   **11** 8
12 14   **13** 토요일
14 15, 토요일   **15** 26
16 1, 11

01 짧은바늘이 숫자 **7**과 **8** 사이, 긴바늘이 숫자 **2**를
    가리키고 있으므로 **7**시 **10**분입니다.

05 긴바늘이 숫자 **4**를 가리키면 **20**분이고, **9**를 가리키
    면 **45**분이므로 숙제를 하는 데 **25**분이 걸렸습니다.

06 (1) **2**시간 **50**분＝**1**시간＋**1**시간＋**50**분
　　　　　　　　　＝**60**분＋**60**분＋**50**분
　　　　　　　　　＝**170**분
　　　(2) **190**분＝**60**분＋**60**분＋**60**분＋**10**분
　　　　　　　＝**1**시간＋**1**시간＋**1**시간＋**10**분
　　　　　　　＝**3**시간 **10**분

08 **7**시 **6**분 전은 **7**시가 되려면 **6**분이 부족한 시각이
　　므로 **6**시 **54**분입니다.

09 **1**일 **8**시간＝**1**일＋**8**시간
　　　　　　　　＝**24**시간＋**8**시간
　　　　　　　　＝**32**시간

12 **12**시간이 지나고 **2**시간이 더 지날 때까지 걸린
　　시간을 구합니다.

13 **16**일 : 목요일, **17**일 : 금요일, **18**일 : 토요일

15 같은 요일은 **7**일마다 반복됩니다.
　　➡ **12**＋**7**＝**19**(일), **19**＋**7**＝**26**(일)

16 **23**개월＝**12**개월＋**11**개월
　　　　　　　＝**1**년＋**11**개월
　　　　　　　＝**1**년 **11**개월

단원 평가　　114~116쪽

01 **15, 30, 40, 55**　　**02** **12, 35**
03 **6, 16**
04　　　　　　　　　**05**
06 **3**　　　　　　　**07** **2**
08 **1, 30**　　　　　**09** **2, 30**
10 (1) **80**　　　　　(2) **170**
　　 (3) **1, 30**　　　　(4) **2, 5**
11 **3, 50, 4, 10**　　**12** **6, 55, 7, 5**
13 (1) **4, 10**　　　　(2) **1, 45**

14 (1) 오전　　　　　(2) 오후
15 (1) **6**　　　　　　(2) **6, 30**
　　 (3) **2, 24**
16 (1) **13**　　　　　(2) 화요일
　　 (3) 토요일
17 **15**
18 (1) **11**　　　　　(2) **3, 3**
　　 (3) **19**　　　　　(4) **1, 8**
19 **4**
20

　　　　　11월

일	월	화	수	목	금	토
			1	2	3	4
5	6	7	8	9	10	11
12	13	14	15	16	17	18
19	20	21	22	23	24	25
26	27	28	29	30		

03 긴바늘이 가리키는 작은 눈금의 숫자를 읽습니다.

06 시계의 긴바늘이 한 바퀴 도는 데 걸리는 시간은
　　1시간입니다.

16 (2) **1**주일마다 같은 요일이 반복됩니다.

17 **1**일 $\xrightarrow{+7}$ **8**일 $\xrightarrow{+7}$ **15**일

18 (1) **1**주일 **4**일＝**7**일＋**4**일＝**11**일
　　 (2) **24**일＝**7**일＋**7**일＋**7**일＋**3**일＝**3**주일 **3**일
　　 (3) **1**년 **7**개월＝**12**개월＋**7**개월＝**19**개월
　　 (4) **20**개월＝**12**개월＋**8**개월＝**1**년 **8**개월

19 날수가 **30**일인 달은 **4**월, **6**월, **9**월, **11**월입니다.

step 1 원리꼼꼼 118쪽

원리확인 1 해바라기

원리확인 2 2, 3, 12

2 좋아하는 꽃 종류별로 학생 수를 각각 써넣고 그 합이 전체 학생 수와 같은지 확인합니다.

step 2 원리탄탄 119쪽

1 3 **2** 3, 1, 5, 3, 12

3 2, 3, 2, 2, 9

2 좋아하는 동물별로 학생 수를 각각 써넣고 그 합이 전체 학생 수와 같은지 확인합니다.

3 좋아하는 운동별로 학생 수를 세어 표에 써넣습니다.

step 3 원리척척 120~121쪽

1 4, 2, 3, 1, 10 **2** 5, 2, 5, 4, 2, 18

3 5, 4, 2, 3, 2, 16 **4** 2, 4, 4, 10

5 3, 1, 2, 3, 9 **6** 4, 1, 5, 2, 12

step 1 원리꼼꼼 122쪽

원리확인 1 풀이 참조

1

좋아하는 음식별 학생 수

학생 수(명) / 음식	김밥	피자	짜장면	냉면	불고기
5		○			
4		○			○
3		○	○		○
2	○	○	○		○
1	○	○	○	○	○

아래쪽에서 위쪽으로 한 칸에 한 개씩 ○를 좋아하는 학생 수만큼 표시합니다.

step 2 원리탄탄 123쪽

1 3 **2** 3, 6, 2, 1, 12

3 12

4

키우고 있는 애완동물별 학생 수

학생 수(명) / 애완동물	토끼	햄스터	거북이	이구아나
6		○		
5		○		
4		○		
3	○	○		
2	○	○	○	
1	○	○	○	○

5 햄스터, 6

1 토끼를 키우고 있는 학생은 효원, 시경, 지환으로 **3**명입니다.

3 표의 합계에서 모두 **12**명임을 알 수 있습니다.

step 3 원리척척 124~125쪽

1

좋아하는 간식별 학생 수

학생 수(명) / 간식	사탕	초콜릿	과자	젤리
4		○		
3		○	○	
2	○	○	○	
1	○	○	○	○

2 좋아하는 과일별 학생 수

학생 수(명)	귤	사과	배	포도
10		○		
9		○		
8		○		
7	○	○		
6	○	○		
5	○	○	○	
4	○	○	○	
3	○	○	○	○
2	○	○	○	○
1	○	○	○	○
과일	귤	사과	배	포도

3 좋아하는 동물별 학생 수

학생 수(명)	사자	기린	토끼	곰
10	○			
9	○			
8	○			
7	○			
6	○	○		
5	○	○	○	
4	○	○	○	○
3	○	○	○	○
2	○	○	○	○
1	○	○	○	○
동물	사자	기린	토끼	곰

4 가 보고 싶은 나라별 학생 수

학생 수(명)	미국	영국	프랑스	일본	중국	호주
5	○					
4		○	○			○
3	○	○		○	○	○
2	○	○	○	○	○	○
1	○	○	○	○	○	○
나라	미국	영국	프랑스	일본	중국	호주

5 태어난 달별 학생 수

학생 수(명)	1	2	3	4	5	6	7	8	9	10	11	12
7									○			
6								○	○			
5								○	○	○		
4						○	○	○	○	○		
3		○				○	○	○	○	○		
2	○	○			○	○	○	○	○	○		
1	○	○	○	○	○	○	○	○	○	○	○	○
태어난 달	1	2	3	4	5	6	7	8	9	10	11	12

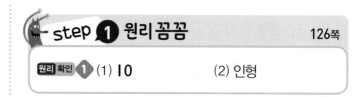

step 1 원리꼼꼼   126쪽

원리 확인 1 (1) 10   (2) 인형

1 (1) 5+3+2=10(명)입니다.
  (2) 가장 많은 학생이 좋아하는 장난감은 ○의 개수가 가장 많은 인형입니다.

step 2 원리탄탄   127쪽

1 3, 5, 1, 3, 12

2 좋아하는 음식별 학생 수

학생 수(명)	지리산	설악산	내장산	한라산
5		○		
4		○		
3	○	○		○
2	○	○		○
1	○	○	○	○
산	지리산	설악산	내장산	한라산

3 설악산, 내장산   4 그래프

3 가장 많은 학생이 좋아하는 산은 ○의 개수가 가장 많은 설악산이고, 가장 적은 학생이 좋아하는 산은 ○의 개수가 가장 적은 내장산입니다.

4 학생 수의 많고 적음은 그래프를 보면 쉽게 알아볼 수 있습니다.

step 3 원리척척   128~129쪽

1 5	2 상추
3 가지	4 3
5 6	6 5
7 피자	8 햄버거
9 2	10 2

11 빨강   12 노랑
13 3   14 수영
15 태권도
16 수영, 야구, 농구, 축구, 태권도

09

좋아하는 육류별 학생 수

학생 수(명) / 육류(고기)	소	돼지	닭
6			○
5	○		○
4	○	○	
3	○	○	○
2	○	○	○
1	○	○	○

10 닭, 소, 돼지

step 4 유형콕콕
130~131쪽

01 4, 3, 2, 3, 12

02 (1) 3, 3, 4, 2, 12   (2) 토끼

03

좋아하는 중국 음식별 학생 수

학생 수(명) / 음식	짬뽕	우동	짜장면	볶음밥
5			○	
4			○	○
3	○		○	○
2	○		○	○
1	○	○	○	○

04

팀별 승리 횟수

승리 횟수(회) / 축구팀	서울	대구	부산	대전
4	○			
3	○			○
2	○	○	○	○
1	○	○	○	○

05 3, 5, 4, 3, 15

06

좋아하는 악기별 학생 수

학생 수(명) / 악기	리코더	피아노	바이올린	첼로
6				
5		○		
4		○	○	
3	○	○	○	○
2	○	○		○
1	○	○	○	○

07 피아노   08 5, 4, 6, 15

단원평가
132~134쪽

01 인형   02 석기, 효근

03 6, 4, 2, 7, 5, 24   04 6

05 옷   06 4

07 5   08 한별

09 22

10

학생별 읽은 책의 수

책 수(권) / 이름	영수	석기	한별	상연	웅이
8				○	
7				○	
6				○	
5		○		○	
4	○			○	○
3	○	○		○	○
2	○	○		○	○
1	○	○	○	○	○

11 웅이   12 석기, 상연

13 상연, 석기, 영수, 한별, 웅이

14 4   15 3

16 22   17 호박

18 운동 선수   19 4

20 3

14 $22-(4+3+5+6)=4$(명)

19 ○가 가장 많은 것은 운동 선수 6명이고, ○가 가장 적은 것은 의사 2명이므로 $6-2=4$(명)입니다.

6. 규칙 찾기

step 1 원리 꼼꼼

136쪽

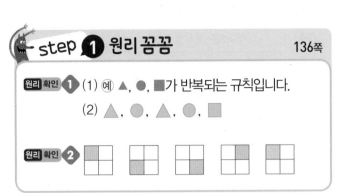

원리확인 ① (1) 예 ▲, ●, ■가 반복되는 규칙입니다.

　　　　(2) ▲, ●, ▲, ●, ■

원리확인 ②

2 분홍색으로 색칠되어 있는 부분이 시계 반대 방향으로 돌아가고 있습니다.

step 2 원리탄탄

137쪽

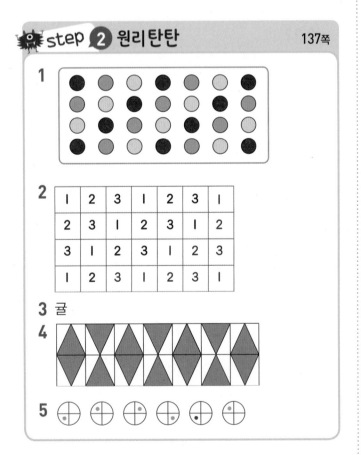

1

2

I	2	3	I	2	3	I
2	3	I	2	3	I	2
3	I	2	3	I	2	3
I	2	3	I	2	3	I

3 귤

4

5

1 빨간색, 초록색, 노란색이 반복되는 규칙입니다.

3 사과, 배, 귤이 반복되는 규칙입니다.

step 3 원리척척

138~139쪽

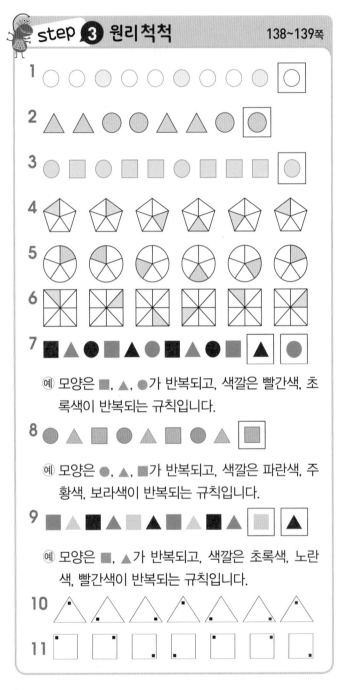

1

2

3

4

5

6

7

예 모양은 ■, ▲, ●가 반복되고, 색깔은 빨간색, 초록색이 반복되는 규칙입니다.

8

예 모양은 ●, ▲, ■가 반복되고, 색깔은 파란색, 주황색, 보라색이 반복되는 규칙입니다.

9

예 모양은 ■, ▲가 반복되고, 색깔은 초록색, 노란색, 빨간색이 반복되는 규칙입니다.

10

11

3 ■의 개수가 I, 2, 3, ……개씩 많아지는 규칙이 있습니다.

원리 확인 ① (1) **4**   (2) **9**

(3) **16**   (4) **16**

1 (3) • 1층 : 1개

• 2층 : 2×2=4(개)

• 3층 : 3×3=9(개)

• 4층 : 4×4=16(개)

1 예 앞에 놓인 쌓기나무의 아래쪽에 5개, 7개, 9개

……씩 늘어나는 규칙으로 쌓기나무를 쌓았습

니다.

2 25   **3** 36

4 10

2 1+3+5+7+9=25(개)

3 1+3+5+7+9+11=36(개)

4 1+2+3+4=10(개)

1 예 쌓기나무가 3개, 4개, 3개, 4개, ……로 반복

되어 놓이는 규칙이 있습니다.

2 예 쌓기나무가 2개, 3개, 2개로 반복되어 놓이는

규칙이 있습니다.

3 예 ㄴ 모양으로 쌓았고 쌓기나무가 2개씩 늘어나

는 규칙입니다.

4 예 계단 모양으로 쌓았고 쌓기나무가 2개, 3개,

……씩 늘어나는 규칙입니다.

5 5   **6** 7

7 10   **8** 10

원리 확인 ① (1) **1**

(2) 예 1씩 커지는 규칙이 있습니다.

(3) **8, 10**

1

+	1	3	5	7	9
1	2	4	6	8	10
3	4	6	8	10	12
5	6	8	10	12	14
7	8	10	12	14	16
9	10	12	14	16	18

2 예 2부터 2씩 커지는 규칙이 있습니다.

3 예 6부터 2씩 커지는 규칙이 있습니다.

4 예 10으로 모두 같습니다.

5

10	12	14	16
12	14	16	
14		18	

1 1   **2** 1

3 2   **4** 같은

5

+	0	2	4	6	8
0	0	2	4	6	8
2	2	4	6	8	10
4	4	6	8	10	12
6	6	8	10	12	14
8	8	10	12	14	16

6 2   **7** 2

8 4

9

15	16	
15	16	17
16	17	18

10

8		10
9	10	11
10	11	12

11

	11	
11	12	13
12		14

12

6	7		
	8	9	
		10	11
			11

13

15	16	17	18
16	17		
17	18	19	20

14

24			
25	26		
26	27	28	29

---

step ① 원리 꼼꼼 148쪽

원리 확인 1 (1) 예 3부터 3씩 커지는 규칙이 있습니다.

(2)

×	1	2	3	4	5
1	1	2	3	4	5
2	2	4	6	8	10
3	3	6	9	12	15
4	4	8	12	16	20
5	5	10	15	20	25

(3) 예 만나는 수들이 서로 같습니다.

---

step ② 원리탄탄 149쪽

1 ㉠ : 24, ㉡ : 35   (2) 어떤 수

2

×	0	2	4	6	8
1	0	2	4	6	8
3	0	6	12	18	24
5	0	10	20	30	40
7	0	14	28	42	56
9	0	18	36	54	72

3 (1) 0   (2) 어떤 수

4 20, 15, 20, 25   **5** 15, 18, 20, 24

---

step ③ 원리척척 150~151쪽

1 5   **2** 4
3 2   **4** 두
5 같습니다
6 예 3부터 6씩 커지는 규칙이 있습니다.
7 예 7부터 14씩 커지는 규칙이 있습니다.

8

×	1	3	5	7	9
1	1	3	5	7	9
3	3	9	15	21	27
5	5	15	25	35	㉠
7	7	21	35	49	63
9	9	27	45	63	81

9 45

10

2		
4	6	
6	9	12

11

9	12	
12	16	20
15	20	

12

	20	24
20	25	30
24	30	

13

8			
10	15	20	
12	18	24	30
	21		

14

	5	10
0	6	12
0	7	14

15

	7		
12	14	16	18
18	21	24	27
	28		

---

step ① 원리 꼼꼼 152쪽

원리 확인 1 (1)

11월

일	월	화	수	목	금	토
	1	2	3	4	5	⑥
7	8	9	10	11	12	⑬
14	15	16	17	18	19	⑳
21	22	23	24	25	26	㉗
28	29	30				

(2) 7   (3) 8
(4) 6

step 2 원리탄탄 153쪽

1 나, 둘 **2** 25

3 예 1부터 시작하여 11씩 커지는 규칙이 있습니다.

4 예 위아래로 3씩 차이가 납니다.

　↘ 방향으로 2씩, ↗ 방향으로 4씩 커집니다.

step 3 원리척척 154~155쪽

1 1 **2** 7

3 6 **4** 1

5 7 **6** 8

7 6 **8** 1

9 3 **10** 4

11 2 **12** 1

13 3 **14** 2

15 4

step 4 유형콕콕 156~157쪽

01 예 ■, ▲, ● 가 반복되는 규칙입니다.

02 예 ●, ●, ▲, ■ 가 반복되고, 빨간색, 노란색, 초록색이 반복되는 규칙입니다.

03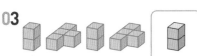

04

05

06 25

07

+	0	1	2	3	4	5	6
0	0	1	2	3	4	5	6
1	1	2	3	4	5	6	7
2	2	3	4	5	6	7	8
3	3	4	5	6	7	8	9
4	4	5	6	7	8	9	10
5	5	6	7	8	9	10	11
6	6	7	8	9	10	11	12

08 1씩 커지는 규칙이 있습니다.

09 예 0부터 2씩 커지는 규칙이 있습니다.

10 모두 9로 같은 수가 적혀 있는 규칙이 있습니다.

11

×	6	7	8	9
6	36	42	48	54
7	~~42~~	~~49~~	~~56~~	~~63~~
8	48	56	64	72
9	54	63	72	81

12 예 48부터 8씩 커지는 규칙이 있습니다.

13 예 42부터 7씩 커지는 규칙이 있습니다.

14 예 9부터 4씩 작아지는 규칙이 있습니다.

15 목요일

04 ▲, ■, ■, ● 가 반복되는 규칙이 있습니다.

05 시계 방향으로 색칠되는 칸을 두 칸씩 옮기는 규칙이 있습니다.

06 1＋3＋5＋7＋9＝25(개)

15 크리스마스는 12월 25일입니다.

7일마다 같은 요일이 반복되므로 25−7＝18, 18−7＝11, 11−7＝4에서 25일은 4일과 요일이 같은 목요일입니다.

단원평가 158~160쪽

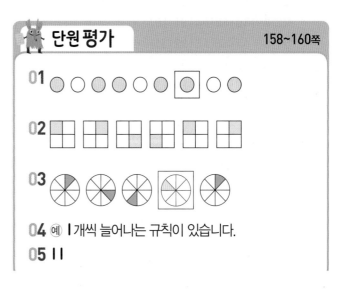

01 ○ ○ ○ ○ ○ ○ [●] ○

02

03

04 예 1개씩 늘어나는 규칙이 있습니다.

05 11

06 예 쌓기나무를 1개, 2개로 반복하여 쌓은 규칙입니다.

07 예 오른쪽으로 한 칸씩 갈 때마다 2씩 늘어납니다.

08

+	1	3	5	7
1	2	4	6	8
3	4	6	8	10
5	6	8	10	12
7	8	10	12	14

09

10	12	14	
12	14	16	18
		18	20

10 예 10부터 1씩 커지는 규칙이 있습니다.

11 예 2부터 10씩 커지는 규칙이 있습니다.

12 예 4부터 4씩 커지는 규칙이 있습니다.

13

×	1	2	3	4	5
1	1	2	3	4	5
2	2	4	6	8	10
3	3	6	9	12	15
4	4	8	12	16	20
5	5	10	15	20	25

14 ㄹ   **15** 23

16 2

17

1	2	3	4	5	6	7
24	25	26	27	28	29	8
23	40	41	42	43	30	9
22	39	48	49	44	31	10
21	38	47	46	45	32	11
20	37	36	35	34	33	12
19	18	17	16	15	14	13

18 20

19 예 1부터 5씩 커지는 규칙이 있습니다.

20 예 17부터 3씩 작아지는 규칙이 있습니다.

03 시계 방향으로 한 칸씩 건너뛰며 색칠되는 규칙이 있습니다.

05 쌓기나무가 1개씩 늘어나는 규칙이므로 넷째 모양은 셋째 모양에서 1개 늘어난 10개이고, 다섯째 모양은 10개에서 1개 늘어난 11개입니다.

09 오른쪽으로 1칸씩, 아래쪽으로 1칸씩 갈수록 2씩 커지는 규칙이 있습니다.

15 • 둘째 목요일 : 2+7=9(일)
　　• 셋째 목요일 : 9+7=16(일)
　　• 넷째 목요일 : 16+7=23(일)

16 • 둘째 토요일 : 16-7=9(일)
　　• 첫째 토요일 : 9-7=2(일)

18 아래쪽으로 1씩 커지는 규칙이 있습니다.